冯玉增　王坤宇　丁征宇　主编

樱桃
病虫草害诊治
生态图谱

Atlas of Diagnosis and Treatment for Disease Pest and Weed
Disease of Cherry

中国林业出版社
China Forestry Publishing House

编委会

主　　编：冯玉增　　王坤宇　　丁征宇

副 主 编：（以姓氏笔画为序）

司新红　　李芳东　　刘　克　　刘　霞　　吴玉珂　　贺江波

郭翠红　　崔敬敏

图书在版编目（CIP）数据

樱桃病虫草害诊治生态图谱 / 冯玉增，王坤宇，丁征宇主编 . -- 北京：中国林业出版社，2019.8

ISBN 978-7-5219-0240-2

Ⅰ . ①樱… Ⅱ . ①冯… ②王… ③丁… Ⅲ . ①樱桃 - 病虫害防治 - 图谱 Ⅳ . ① S436.629-64

中国版本图书馆 CIP 数据核字 (2019) 第 177658 号

策划编辑：何增明

责任编辑：张　华

出版发行　中国林业出版社（100009　北京西城区德内大街刘海胡同 7 号）

　　　　　　电话：（010）83143566

发　　行　中国林业出版社

印　　刷　固安县京平诚乾印刷有限公司

版　　次　2019 年 9 月第 1 版

印　　次　2019 年 9 月第 1 次印刷

开　　本　880mm×1230mm　1/32

印　　张　8.5

字　　数　360 千字

定　　价　49.00 元

前 言 Preface

　　樱桃在我国栽培和分布范围较广，近年发展迅速，面积增大。由于各地自然条件不同、生态环境复杂多样，导致病虫草害种类繁多，危害严重，对樱桃生产安全构成了直接威胁。由病虫草害引起的品质下降、产量降低以及市场损失更难以计量。防治失当，不合理的使用农药，还会造成果品农药残留超标与环境污染。随着我国人民生活水平的提高，加之我国农产品市场对国际市场的开放程度越来越广，出口量增加，对果品品质、质量安全要求也越来越高。

　　笔者长期从事果树病虫草害研究与防治技术的推广应用工作，在与果农的长期交往实践中，深知果农到底需要什么，渴望什么。

　　正确认识病虫草害、科学预防、合理用药、降低成本，是广大果农的迫切需求；吃上高品质的放心果品，减少农药残留，是广大消费者的迫切愿望。很多果农对果树病虫草害的诊断与防治技术还较落后，现在很多果树栽培类书，有关病虫草害多局限于文字描述，缺乏详实的生态图谱，即便是从事病虫草害研究和技术推广的专业技术人员，也很难通过阅读文字准确识别，而没有果树病虫草害专业知识的果农，就更不可能通过文字描述正确认识果树的病虫草害，从而进行正确的防治了。

　　为此，笔者早在 20 多年前就自费数千元，购买了当时较先进的数码相机，深入田间、果园拍照，与果农交朋友，收集他们的经验体会。为正确识别病虫草并拍摄生态图片，查阅了大量的果树专业技术文献，以图找病虫，由文字描述找病虫，对有些病虫草，也请有关专家进行鉴定或征询同行意见。为了找全找齐各个虫态的生态图，采用沙网袋套袋饲养、夜晚观察、特殊天气条件下观察、昆虫周年生活史观察等方法，争取拍摄出理想的各虫态生态图片。对于昆虫尽量拍摄到各虫态的生态图片，对于病害尽量拍摄到不同发病期、树体不同发病部位的生态图片，对于杂草尽量拍摄从幼苗到成株的各个生长阶段的生态图片。经过多年辛苦和不懈努力，拍摄积累了我国北方十余种落叶果树、数万张果树病虫草害及天敌生态图片。希望通过自己的努力，编写出版一套图像清晰、色彩真实、病状全面、真正实用的果树病虫草害及无公害防治图谱，同时配以简单而贴切的症状文字描述、发生规律和防治方法，让果农一看就懂、一学就会，用药用工少，防治效益好。

本书编写旨在为果农做点事，为我国北方落叶果树生产做点事，为提高果品产量、改善品质、减少农药残留，为国民果品消费安全，建设生态安全，还绿水青山，尽自己的一份力。

本套丛书包括苹果、梨、石榴、桃、杏、李、柿、枣、核桃、板栗、樱桃、山楂等 12 个分册。每个树种 1 个分册，书中绝大部分照片为田间实拍，清晰度高，色彩逼真。同一种病害尽可能表现在植株不同部位、不同时期的典型症状；同一种害虫尽可能表现出不同虫态，同一虫态尽可能表现不同的龄期、不同的表现型以及害虫危害症状；同一种杂草尽可能表现出从幼苗到成熟期不同的生长龄期；同一种天敌，也尽量提供不同虫态的生态照片。在病虫草害防治方面，坚持"预防为主，综合防治"的农业植物保护方针，着重介绍最新研究推广的成功经验、新药剂、新方法。

丛书邀请国内在该领域有丰富理论和实践经验的专家共同编写完成。内容突破了以往农业科普读物中以语言文字介绍为主的局限性，更多的采用生态照片，形象逼真。文字通俗易懂、内容科学简要、技术先进实用，使读者可以简明、快捷、准确地诊断病虫草害，适时、科学、正确、合理地开展防治。

全书的编写，还引用、借鉴了同行的部分内容。个别引用了微友发在微信群里的共享照片。由于篇幅所限，不一一列出，在此一并感谢。

由于编著者水平所限，加之内容宽泛，书中难免有疏漏和不当之处，敬请同行专家、广大读者朋友批评指正。

冯玉增

2019 年 2 月

目 录 Contents

第 3 章　果园主要杂草诊断与防治 / 93

第 4 章　果园害虫主要天敌保护与识别利用 / 113

第 5 章　果园病虫草无公害综合防治 / 123

生态
图谱

1-1-1	1-1-2
1-2-1	1-1-3

图 1-1-1　樱桃褐腐病病果

图 1-1-2　樱桃褐腐病病果上霉菌

图 1-1-3　樱桃褐腐病病果霉菌孢子

图 1-2-1　樱桃疮痂病病果

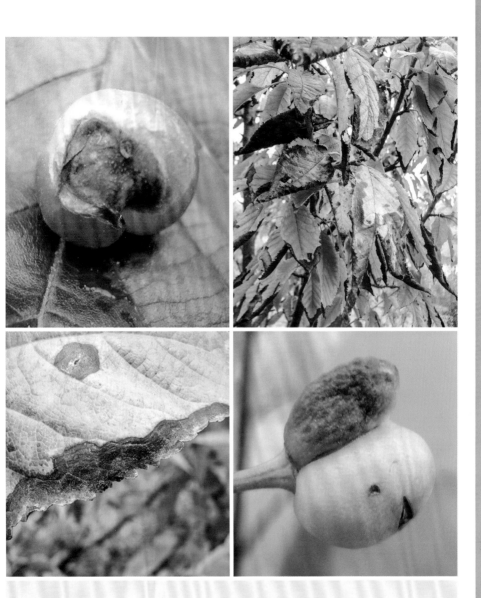

1-3-1	1-3-3
1-3-2	1-4-1

图 1-3-1　樱桃炭疽病病果
图 1-3-2　樱桃炭疽病病叶
图 1-3-3　樱桃炭疽病重病病枝
图 1-4-1　樱桃幼果菌核病病果

1-5-1	1-5-2
1-6-1	1-6-2
	1-6-3
1-7-1	1-7-2

图 1-5-1　樱桃黑霉病病果　　　　　　　图 1-7-1　樱桃小果病
图 1-5-2　樱桃黑霉病病果上黑色霉菌　　图 1-7-2　樱桃小果病（左健右病）
图 1-6-1　樱桃灰霉病病果
图 1-6-2　樱桃灰霉病病叶
图 1-6-3　樱桃灰霉病病枝

1-8-1	
1-8-2	
1-9-1	
1-10-1	1-10-2

图 1-8-1　樱桃裂果病病纵裂
图 1-8-2　樱桃裂果病病横裂
图 1-9-1　樱桃细菌性穿孔病病叶
图 1-10-1　樱桃黑色轮纹病病叶正面
图 1-10-2　樱桃黑色轮纹病病叶背面

1-11-1	1-12-1
1-11-2	1-12-2
1-11-3	1-12-3

图 1-11-1　樱桃褐斑穿孔病病叶中期　　图 1-12-1　樱桃叶点病病前期

图 1-11-2　樱桃褐斑穿孔病病叶后期　　图 1-12-2　樱桃叶点病病中期

图 1-11-3　樱桃褐斑穿孔病病梢　　　　图 1-12-3　樱桃叶点病病后期

1-13-1	1-14-1
1-13-2	1-14-2
1-13-3	1-14-3

图 1-13-1　樱桃褪绿环斑病病前期　　图 1-14-1　樱桃坏死环斑病病叶前期

图 1-13-2　樱桃褪绿环斑病病中期　　图 1-14-2　樱桃坏死环斑病病叶中期

图 1-13-3　樱桃褪绿环斑病病后期　　图 1-14-3　樱桃坏死环斑病病叶后期

图 1-15-1　樱桃叶斑病病叶
图 1-15-2　樱桃叶斑病病叶中期
图 1-15-3　樱桃叶斑病病叶后期
图 1-16-1　樱桃皱叶病病叶

图 1-17-1　樱桃煤污病病叶
图 1-18-1　樱桃枝枯病病枝
图 1-18-2　樱桃枝枯病病枝形成僵果

1-19-1	1-20-1
1-19-2	1-20-2

图 1-19-1　樱桃冠瘿病症状
图 1-19-2　樱桃冠瘿病重病病状
图 1-20-1　樱桃腐烂病病枝
图 1-20-2　樱桃腐烂病病干

| 1-21-1 | 1-21-2 |
| 1-22-1 | |

图 1-21-1　樱桃灰色膏药病褐色菌斑
图 1-21-2　樱桃灰色膏药病白色菌斑
图 1-22-1　樱桃真菌性流胶病

1-23-1	1-24-1
1-24-2	1-24-3

图 1-23-1　樱桃生理性流胶病

图 1-24-1　樱桃根癌病病根部瘤

图 1-24-2　樱桃根癌病病干上瘤

图 1-24-3　樱桃根癌病病致叶枯

图 2-1-1　樱桃实蜂幼虫

图 2-1-2　樱桃实蜂幼虫危害状

图 2-2-1　花壮异蝽成虫

图 2-2-2　花壮异蝽卵

图 2-2-3　花壮异蝽初羽成虫

图 2-4-1　杏虎象成虫
图 2-5-1　李小食心虫成虫
图 2-5-2　李小食心虫卵
图 2-5-3　李小食心虫幼虫
图 2-6-1　枯叶夜蛾成虫
图 2-6-2　枯叶夜蛾幼虫
图 2-6-3　枯叶夜蛾蛹

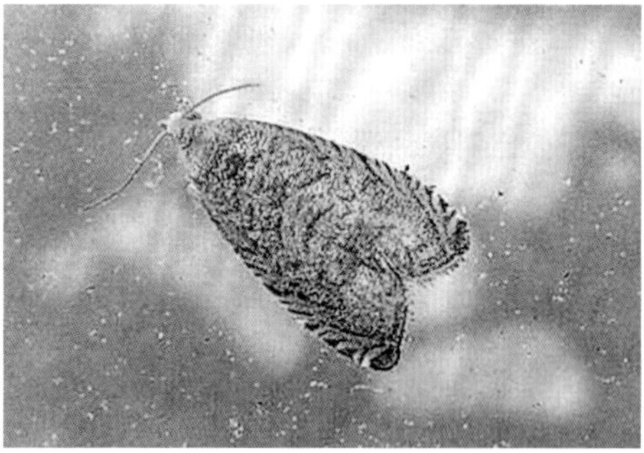

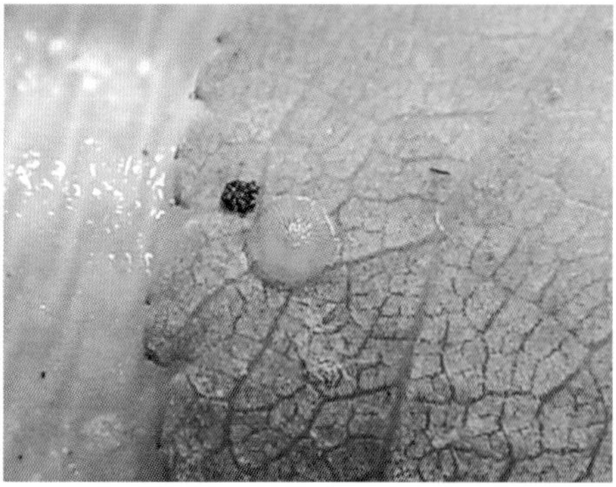

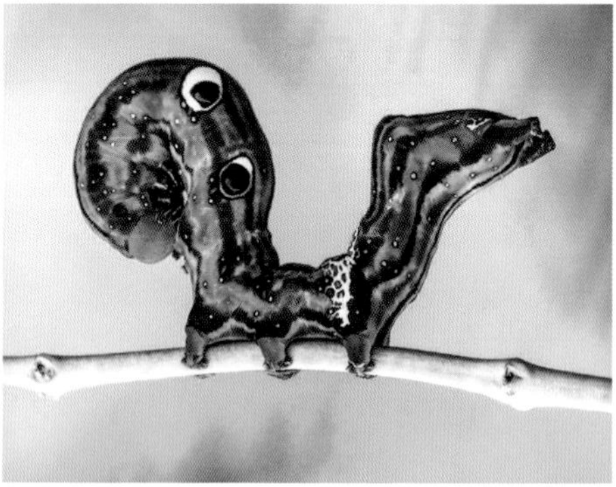

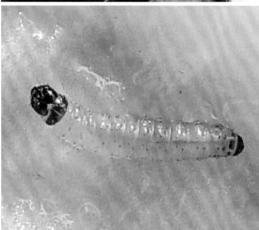

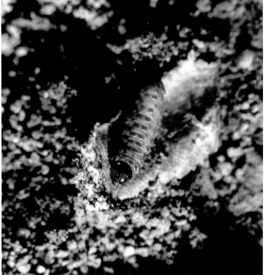

2-7-1	
2-7-2	
2-7-3	2-7-4

图 2-7-1　白小食心虫成虫
图 2-7-2　白小食心虫幼虫
图 2-7-3　白小食心虫越冬型幼虫
图 2-7-4　白小食心虫茧、蛹、越
　　　　　冬型幼虫

2-8-1	2-8-2
2-8-3	2-8-4
2-8-5	2-8-6
2-8-7	

图 2-8-1　樱桃瘿瘤头蚜危害嫩叶

图 2-8-2　樱桃瘿瘤头蚜危害叶前期状

图 2-8-3　樱桃瘿瘤头蚜危害叶中期状

图 2-8-4　樱桃瘿瘤头蚜危害叶后期状

图 2-8-5　樱桃瘿瘤头蚜无翅成蚜

图 2-8-6　樱桃瘿瘤头蚜若蚜

图 2-8-7　樱桃瘿瘤头蚜有翅成蚜

	2-9-1
	2-9-2
	2-10-1
2-10-2	2-10-3

图 2-9-1 山樱桃黑瘤蚜
图 2-9-2 山樱桃黑瘤蚜危害状
图 2-10-1 桃蚜有翅蚜
图 2-10-2 桃蚜无翅蚜
图 2-10-3 桃蚜危害嫩梢状

2-11-1	2-11-2
2-11-3	2-11-4
2-12-1	2-12-2
	2-12-3

图 2-11-1　杏星毛虫成虫
图 2-11-2　杏星毛虫成虫交尾
图 2-11-3　杏星毛虫幼虫
图 2-11-4　杏星毛虫老龄幼虫
图 2-12-1　山楂绢粉蝶成虫
图 2-12-2　山楂绢粉蝶幼虫
图 2-12-3　山楂绢粉蝶成虫
　　　　　（左）、蛹（右）

2-13-1

2-13-2

图 2-13-1　杏白带麦蛾成虫
图 2-13-2　杏白带麦蛾幼虫

2-14-1	2-14-2
2-14-3	2-14-4
2-14-5	2-14-6
	2-14-7
	2-14-8

图 2-14-1　黄褐天幕毛虫成虫
图 2-14-2　黄褐天幕毛虫成虫正在产卵
图 2-14-3　黄褐天幕毛虫卵
图 2-14-4　黄褐天幕毛虫幼虫
图 2-14-5　黄褐天幕毛虫幼虫群害
图 2-14-6　黄褐天幕毛虫幼虫网幕
图 2-14-7　黄褐天幕毛虫茧
图 2-14-8　黄褐天幕毛虫蛹

	2-15-1
	2-15-2
2-15-3	2-15-4

图 2-15-1　春尺蠖雄成虫
图 2-15-2　春尺蠖雌成虫
图 2-15-3　春尺蠖幼虫
图 2-15-4　黏虫带阻春尺蠖上树

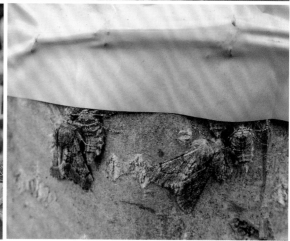

2-16-1	2-16-2
2-16-3	2-16-4
2-16-5	2-16-6

图 2-16-1　绿尾大蚕蛾雄成虫
图 2-16-2　绿尾大蚕蛾雌成虫
图 2-16-3　绿尾大蚕蛾成虫交尾
图 2-16-4　绿尾大蚕蛾卵
图 2-16-5　绿尾大蚕蛾卵及初孵幼虫
图 2-16-6　绿尾大蚕蛾 3 龄前幼虫

2-16-7	2-16-8
	2-16-9
	2-16-10
	2-16-11

图 2-16-7　绿尾大蚕蛾 4 龄幼虫
图 2-16-8　绿尾大蚕蛾成龄幼虫
图 2-16-9　绿尾大蚕蛾夏季缀叶茧
图 2-16-10　绿尾大蚕蛾越冬茧
图 2-16-11　绿尾大蚕蛾蛹

	2-17-1	
	2-17-2	2-17-3
	2-18-1	2-18-2
	2-18-3	2-18-4

图 2-17-1　苹果大卷叶蛾成虫
图 2-17-2　苹果大卷叶蛾幼虫
图 2-17-3　苹果大卷叶蛾蛹
图 2-18-1　棉褐带卷叶蛾成虫
图 2-18-2　棉褐带卷叶蛾卵
图 2-18-3　棉褐带卷叶蛾幼虫
图 2-18-4　棉褐带卷叶蛾蛹

	2-19-1
2-19-2	2-19-3
2-20-1	2-20-2

图 2-19-1　桃剑纹夜蛾成虫
图 2-19-2　桃剑纹夜蛾幼虫
图 2-19-3　桃剑纹夜蛾茧
图 2-20-1　樱桃剑纹夜蛾成虫
图 2-20-2　樱桃剑纹夜蛾幼虫

图 2-21-1　美国白蛾成虫
图 2-21-2　美国白蛾成虫交尾
图 2-21-3　美国白蛾成虫产卵
图 2-21-4　美国白蛾卵
图 2-21-5　美国白蛾低幼虫群害叶
图 2-21-6　美国白蛾幼虫群害及网幕

2-21-1	2-21-2
2-21-3	2-21-4
2-21-5	2-21-6

2-21-7	2-21-8
2-21-9	2-21-10
2-21-11	2-21-12

图 2-21-7　美国白蛾幼虫背面观
图 2-21-8　美国白蛾幼虫侧面观
图 2-21-9　美国白蛾幼虫腹面观
图 2-21-10　美国白蛾蛹
图 2-21-11　美国白蛾幼虫危害樱桃叶状
图 2-21-12　美国白蛾幼虫危害樱桃状

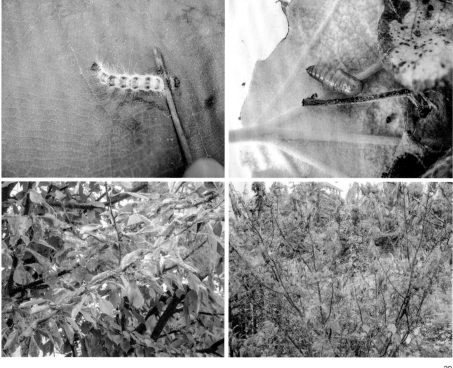

2-22-1	
2-22-2	2-22-3
2-23-1	2-23-2
2-23-3	2-23-4

图 2-22-1　桃天蛾成虫
图 2-22-2　桃天蛾成龄幼虫
图 2-22-3　桃天蛾老龄幼虫
图 2-23-1　桃潜蛾成虫
图 2-23-2　桃潜蛾冬型成虫
图 2-23-3　桃潜蛾茧
图 2-23-4　桃潜蛾危害樱桃叶状

	2-24-1	
	2-24-2	
2-24-3	2-24-4	

图 2-24-1　杨枯夜蛾成虫
图 2-24-2　杨枯叶蛾卵
图 2-24-3　杨枯夜蛾幼虫
图 2-24-4　杨枯夜蛾蛹（左）茧（右）

图 2-25-1　金毛虫成虫

图 2-25-2　金毛虫成虫腹末黄毛

图 2-25-3　金毛虫卵块

图 2-25-4　金毛虫幼虫

图 2-25-5　金毛虫幼害樱桃嫩梢

图 2-25-6　金毛虫茧

2-25-1	2-25-2
2-25-3	2-25-4
2-25-5	2-25-6

2-26-1	2-26-2
2-26-3	2-26-4
2-26-5	2-26-6
2-26-7	

图 2-26-1 茶蓑蛾雄成虫
图 2-26-2 茶蓑蛾雌成虫
图 2-26-3 茶蓑蛾成虫交尾
图 2-26-4 茶蓑蛾幼虫
图 2-26-5 茶蓑蛾蛹
图 2-26-6 茶蓑蛾雄成虫羽化蛹壳外露
图 2-26-7 茶蓑蛾囊

图 2-28-1　白眉刺蛾成虫

图 2-28-2　白眉刺蛾低龄幼虫

图 2-28-3　白眉刺蛾中龄幼虫

图 2-28-4　白眉刺蛾成龄幼虫

图 2-28-5　白眉刺蛾夏茧

图 2-28-6　白眉刺蛾冬茧

2-28-1	2-28-2
2-28-3	2-28-4
2-28-5	2-28-6

2-29-1	2-29-2
2-29-3	2-29-4

2-29-5	2-29-6	2-29-7

2-29-8

图 2-29-1　丽绿刺蛾成虫
图 2-29-2　丽绿刺蛾成虫交尾
图 2-29-3　丽绿刺蛾初孵幼虫
图 2-29-4　丽绿刺蛾幼龄幼虫
图 2-29-5　丽绿刺蛾低幼群害叶
图 2-29-6　丽绿刺蛾成龄幼虫
图 2-29-7　丽绿刺蛾茧
图 2-29-8　丽绿刺蛾蛹

2-30-1	2-30-2
2-30-3	
2-30-4	

图 2-30-1　褐边绿刺蛾成虫
图 2-30-2　褐边绿刺蛾低龄幼虫
图 2-30-3　褐边绿刺蛾中龄幼虫
图 2-30-4　褐边绿刺蛾茧

图 2-31-1　麻皮蝽成虫
图 2-31-2　麻皮蝽成虫交尾
图 2-31-3　麻皮蝽卵及初孵若虫
图 2-31-4　麻皮蝽低龄若虫
图 2-31-5　麻皮蝽若虫群害
图 2-31-6　麻皮蝽大龄若虫

2-31-1	2-31-2
2-31-3	2-31-4
2-31-5	2-31-6

2-32-1	2-32-2
2-32-3	
2-32-4	

图 2-32-1　茶翅蝽成虫
图 2-32-2　茶翅蝽低龄若虫
图 2-32-3　茶翅蝽卵及初孵若虫
图 2-32-4　茶翅蝽大龄若虫

2-33-1	
2-33-2	2-33-3
	2-33-4

图 2-33-1　斑须蝽成虫
图 2-33-2　斑须蝽卵及初孵若虫
图 2-33-3　斑须蝽中龄若虫
图 2-33-4　斑须蝽大龄若虫

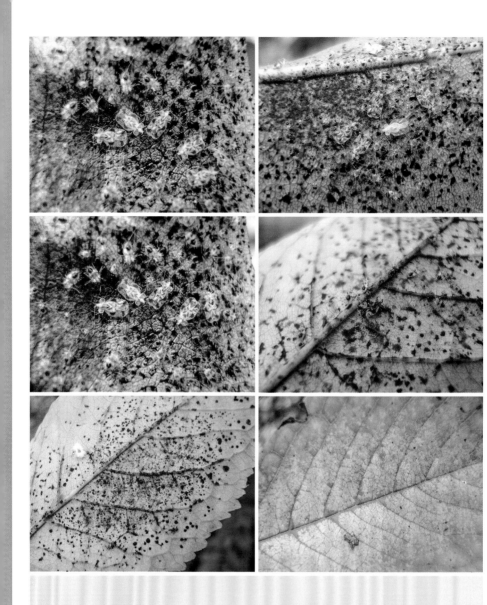

2-35-1

2-35-2

图 2-35-1　蓝目天蛾成虫

图 2-35-2　蓝目天蛾幼虫

2-36-1	2-36-2
2-36-3	
2-36-4	2-36-5

图 2-36-1　银杏大蚕蛾成虫

图 2-36-2　银杏大蚕蛾卵　　　　　图 2-36-4　银杏大蚕蛾成龄幼虫

图 2-36-3　银杏大蚕蛾低龄幼虫　　图 2-36-5　银杏大蚕蛾茧

	2-37-2
2-37-1	2-37-3
2-37-4	2-37-5
	2-37-6

图 2-37-1　苹掌舟蛾成虫
图 2-37-2　苹掌舟蛾卵
图 2-37-3　苹掌舟蛾幼龄幼虫群集危害
图 2-37-4　苹掌舟蛾幼虫
图 2-37-5　苹掌舟蛾幼虫危害状
图 2-37-6　苹掌舟蛾蛹

2-38-1	
2-38-2	
2-39-1	2-39-2
2-39-3	2-39-4

图 2-38-1　小绿叶蝉成虫
图 2-38-2　小绿叶蝉若虫
图 2-39-1　大青叶蝉成虫
图 2-39-2　大青叶蝉卵
图 2-39-3　大青叶蝉若虫
图 2-39-4　大青叶蝉若虫蜕皮

2-40-1	
2-40-2	2-40-3
2-41-1	2-41-2

图 2-40-1　山楂叶螨
图 2-40-2　山楂叶螨危害樱桃叶正面
图 2-40-3　山楂叶螨危害嫩梢状
图 2-41-1　柳蝙蛾成虫
图 2-41-2　柳蝙蛾幼虫

2-42-1	2-42-2
2-42-3	2-42-4
2-42-5	2-42-6

图 2-42-1　白囊蓑蛾囊　　　　　图 2-42-5　白囊蓑蛾蛹

图 2-42-2　白囊蓑蛾雄成虫　　　图 2-42-6　白囊蓑蛾雄蛾羽化

图 2-42-3　白囊蓑蛾雌成虫　　　　　　　　蛹壳外露

图 2-42-4　白囊蓑蛾幼虫

2-43-1	
2-43-2	2-43-3
	2-43-4

图 2-43-1　白星花金龟成虫

图 2-43-2　白星花金龟成虫交尾

图 2-43-3　白星花金龟幼虫（蛴螬）

图 2-43-4　白星花金龟蛹

2-44-1	
2-44-2	2-44-3
2-44-4	

图 2-44-1　阔胫赤绒金龟成虫
图 2-44-2　阔胫赤绒金龟成虫交尾
图 2-44-3　阔胫赤绒金龟幼虫（蛴螬）
图 2-44-4　阔胫赤绒金龟成虫危害状

2-45-1	
2-45-2	2-45-3
	2-45-4

图 2-45-1 铜绿金龟成虫
图 2-45-2 铜绿金龟成虫交尾
图 2-45-3 铜绿金龟幼虫
图 2-45-4 铜绿金龟成虫危害嫩梢状

	2-46-1	
2-46-2		2-47-1
2-47-2		2-47-3

图 2-46-1　大黑鳃金龟成虫

图 2-46-2　大黑鳃金龟幼虫（蛴螬）

图 2-47-1　八点广翅蜡蝉成虫

图 2-47-2　八点广翅蜡蝉若虫

图 2-47-3　八点广翅蜡蝉危害枝

2-48-1	2-48-2
2-48-3	2-48-4
2-48-5	2-48-6
2-48-7	2-48-8

图 2-48-1　黑蝉成虫　　　　　图 2-48-5　黑蝉危害樱桃枝

图 2-48-2　黑蝉正羽化　　　　图 2-48-6　黑蝉若虫

图 2-48-3　黑蝉初羽化成虫　　图 2-48-7　黑蝉若虫蝉蜕

图 2-48-4　被害枝中的黑蝉卵　图 2-48-8　染病黑蝉

2-49-1	2-49-4
2-49-2	2-49-5
2-49-3	2-49-6
	2-49-7

图 2-49-1　草履蚧雌成虫　　　　　图 2-49-5　草履蚧危害状

图 2-49-2　草履蚧雌成虫腹面观　图 2-49-6　黄色黏虫纸缠树干阻草履

图 2-49-3　草履蚧雄成虫　　　　　　　　　　蚧雌虫上树

图 2-49-4　草履蚧成虫交尾　　　　图 2-49-7　草履蚧成虫下树产卵越夏

2-50-1	2-50-2	
2-51-1	2-51-2	2-51-3
	2-51-4	
	2-51-5	

图 2-50-1　杏球坚蚧集中危害状
图 2-50-2　杏球坚蚧若虫
图 2-51-1　康氏粉蚧雌成虫
图 2-51-2　康氏粉蚧卵
图 2-51-3　康氏粉蚧若虫
图 2-51-4　康氏粉蚧集中危害枝条状
图 2-51-5　康氏粉蚧集中危害树干状

	2-54-1	2-54-2
	2-54-3	
	2-55-1	2-55-2
	2-55-3	

图 2-54-1　咖啡木蠹蛾幼虫

图 2-54-2　咖啡木蠹危害状

图 2-54-3　咖啡木蠹蛾蛹

图 2-55-1　六星黑点蠹蛾成虫

图 2-55-2　六星黑点蠹蛾幼虫及危害状

图 2-55-3　六星黑点蠹蛾蛹

2-56-1	2-56-2
2-56-3	2-56-4
2-56-5	

图 2-56-1　桃红颈天牛成虫
图 2-56-2　桃红颈天牛成虫交尾
图 2-56-3　桃红颈天牛幼虫
图 2-56-4　桃红颈天牛蛀干内状
图 2-56-5　桃红颈天牛蛀干

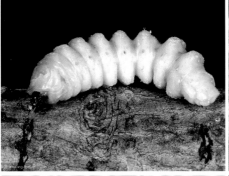

2-57-1	2-57-2
2-57-3	2-57-4
	2-57-5

图 2-57-1　光肩星天牛成虫

图 2-57-2　光肩星天牛成虫交尾

图 2-57-3　光肩星天牛幼虫

图 2-57-4　光肩星天牛幼虫危害干内状

图 2-57-5　光肩星天牛危害干木屑

2-58-1

2-58-2

2-58-3

图 2-58-1 海棠透翅蛾成虫
图 2-58-2 海棠透翅蛾成虫
产卵刻巢
图 2-58-3 海棠透翅蛾幼虫

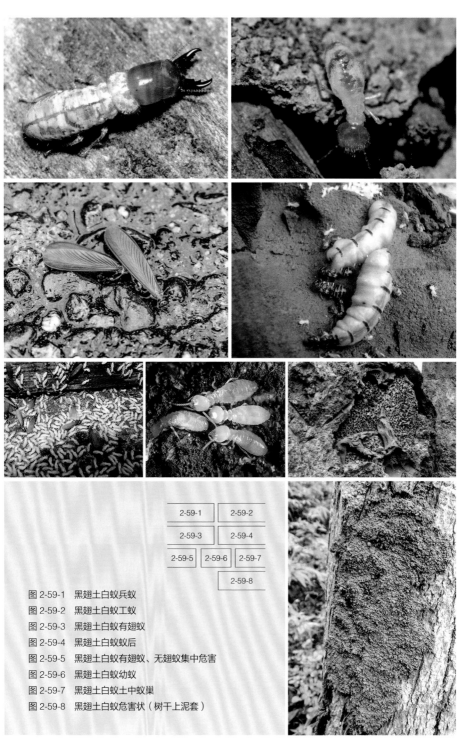

2-59-1	2-59-2
2-59-3	2-59-4

2-59-5	2-59-6	2-59-7

2-59-8

图 2-59-1 　黑翅土白蚁兵蚁
图 2-59-2 　黑翅土白蚁工蚁
图 2-59-3 　黑翅土白蚁有翅蚁
图 2-59-4 　黑翅土白蚁蚁后
图 2-59-5 　黑翅土白蚁有翅蚁、无翅蚁集中危害
图 2-59-6 　黑翅土白蚁幼蚁
图 2-59-7 　黑翅土白蚁土中蚁巢
图 2-59-8 　黑翅土白蚁危害状（树干上泥套）

2-62-1
2-62-2
2-62-3

2-62-4	2-62-5

图 2-62-1　枣龟蜡蚧雌蚧
图 2-62-2　枣龟蜡蚧雌蚧及卵
图 2-62-3　龟蜡蚧雄蚧
图 2-62-4　枣龟蜡雌雄蚧混发
图 2-62-5　枣龟蜡蚧雌蚧危害枝干

2-63-1	2-63-2
2-63-3	
2-63-4	2-63-5

图 2-63-1　山东广翅蜡蝉成虫

图 2-63-2　山东广翅蜡蝉低龄若虫害樱桃枝

图 2-63-3　山东广翅蜡蝉若虫（左）成虫（右）

图 2-63-4　山东广翅蜡蝉成虫产卵

图 2-63-5　山东广翅蜡蝉产卵危害枝

2-64-1	2-64-2
2-64-3	
2-64-4	2-64-5
	2-64-6

图 2-64-1　樗蚕蛾成虫

图 2-64-2　樗蚕蛾卵

图 2-64-3　樗蚕蛾低龄幼虫群害

图 2-64-4　樗蚕蛾成龄幼虫

图 2-64-5　樗蚕蛾茧

图 2-64-6　樗蚕蛾蛹

2-65-1	2-65-2
2-65-3	2-65-4
2-65-5	2-65-6
2-65-7	2-65-8

图 2-65-1　褐刺蛾成虫
图 2-65-2　褐刺蛾低龄幼虫
图 2-65-3　褐刺蛾中龄幼虫
图 2-65-4　褐刺蛾红色型成龄幼虫背面观
图 2-65-5　褐刺蛾红色型成龄幼虫侧面观
图 2-65-6　褐刺蛾黄色型成龄幼虫背面观
图 2-65-7　褐刺蛾黄色型成龄幼虫侧面观
图 2-65-8　褐刺蛾茧

2-69-1	
2-69-2	2-69-3
2-69-4	2-69-5

图 2-69-1　柳毒蛾成虫

图 2-69-2　柳毒蛾成虫交尾状

图 2-69-3　柳毒蛾成龄幼虫

图 2-69-4　柳毒蛾老龄幼虫

图 2-69-5　柳毒蛾蛹

2-70-1	2-70-2
2-70-3	
	2-70-4

图 2-70-1　绿盲蝽成虫

图 2-70-2　绿盲蝽若虫

图 2-70-3　绿盲蝽危害樱桃嫩梢

图 2-70-4　绿盲蝽危害樱桃叶状

2-71-1	2-71-2
2-72-1	2-72-2
2-72-3	

图 2-71-1　木橑尺蠖成虫
图 2-71-2　木橑尺蠖幼虫
图 2-72-1　苹毛丽金龟成虫
图 2-72-2　苹毛丽金龟幼虫（蛴螬）
图 2-72-3　苹毛丽金龟成虫食害叶

	2-73-2
2-73-1	
	2-73-3
2-73-4	2-73-5
	2-73-6

图 2-73-1　柿黄毒蛾成虫

图 2-73-2　柿黄毒蛾低龄幼虫群集危害

图 2-73-3　柿黄毒蛾中龄幼虫

图 2-73-4　柿黄毒蛾成龄幼虫

图 2-73-5　柿黄毒蛾老龄幼虫

图 2-73-6　柿黄毒蛾蛹

2-74-1	2-74-2
2-74-3	2-74-4
2-74-5	2-74-6

图 2-74-1　舞毒蛾雄成虫　　　　　图 2-74-4　舞毒蛾卵块

图 2-74-2　舞毒蛾雌成虫及卵块　　图 2-74-5　舞毒蛾成龄幼虫

图 2-74-3　舞毒蛾成虫（上雌下雄）　图 2-74-6　舞毒蛾老龄幼虫
　　　　　　交尾

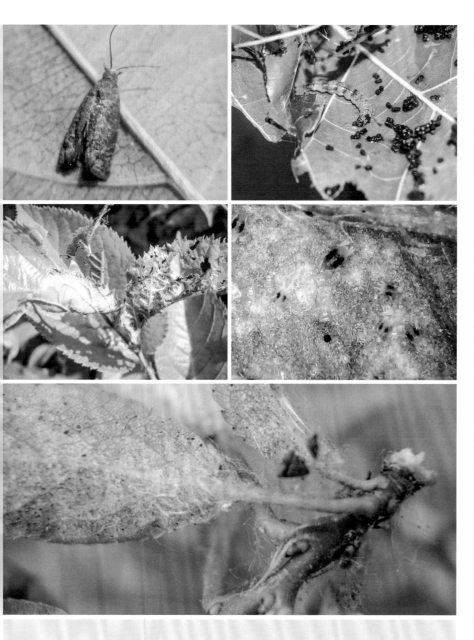

2-77-1		
2-77-2	2-73-3	2-73-4
2-73-5		

图 2-77-1　角斑古毒蛾雄成虫
图 2-77-2　角斑古毒蛾雌成虫
图 2-77-3　角斑古毒蛾雌成虫及卵
图 2-77-4　角斑古毒蛾幼虫
图 2-77-5　角斑古毒蛾蛹

图 2-78-1　李枯叶蛾成虫

图 2-78-2　李枯叶蛾卵

图 2-78-3　李枯叶蛾幼虫

图 2-78-4　李枯叶蛾茧

图 2-78-5　李枯叶蛾蛹

2-78-1	
2-78-2	2-78-3
2-78-4	2-78-5

2-79-1	2-80-1
2-80-2	2-80-3
2-81-1	2-81-2

图 2-79-1 桃白条紫斑螟幼虫

图 2-80-1 云斑腮金龟成虫

图 2-80-2 云斑腮金龟成虫腹面观

图 2-80-3 云斑腮金龟幼虫（蛴螬）

图 2-81-1 鸟害 1

图 2-81-2 鸟害 2

3-1-1	
3-1-2	3-1-3

图 3-1-1　葎草叶
图 3-1-2　葎草穗状花序
图 3-1-3　葎草花

3-2-1

3-2-2

图 3-2-1　中国菟丝子

图 3-2-2　中国菟丝子花

3-3-1

3-3-2

图 3-3-1　莎草 1
图 3-3-2　莎草 2

3-6-1

3-6-2

图 3-6-1　狗尾草 1
图 3-6-2　狗尾草 2

3-7-1	3-7-2	图 3-7-1　马齿苋 1
3-7-3		图 3-7-2　马齿苋 2
		图 3-7-3　马齿苋 3

3-8-1	
3-8-2	3-9-1
3-9-2	
3-9-3	

图 3-8-1　牛筋草 1
图 3-8-2　牛筋草 2
图 3-9-1　反枝苋 1
图 3-9-2　反枝苋 2
图 3-9-3　反枝苋 3

图 3-10-1　白茅 1
图 3-10-2　白茅 2
图 3-10-3　白茅 3
图 3-10-4　白茅 4
图 3-10-5　白茅 5

3-11-1	3-11-2
	3-11-3
3-11-4	

图 3-11-1　稗草 1
图 3-11-2　稗草 2
图 3-11-3　稗草 3
图 3-11-4　稗草 4

| 3-12-1 | 3-12-2 |
| 3-13-1 | 3-13-2 |

图 3-12-1　荩草 1　　图 3-13-1　看麦娘 1
图 3-12-2　荩草 2　　图 3-13-2　看麦娘 2

3-14-1	
3-14-2	3-14-3

图 3-14-1　猪殃殃 1
图 3-14-2　猪殃殃 2
图 3-14-3　猪殃殃 3

	3-15-1	
3-15-2		3-15-3

图 3-15-1　小飞蓬 1
图 3-15-2　小飞蓬 2
图 3-15-3　小飞蓬 3

3-16-1	
3-16-2	3-16-13

图 3-16-1　蛇莓 1
图 3-16-2　蛇莓 2
图 3-16-3　蛇莓 3

图 3-17-1　酸模 1
图 3-17-2　酸模 2
图 3-17-3　酸模 3
图 3-17-4　酸模 4
图 3-17-5　酸模 5

3-17-1		
3-17-2	3-17-4	
3-17-3	3-17-5	

3-18-1	3-18-2
3-18-3	

图 3-18-1　刺儿菜 1
图 3-18-2　刺儿菜 2
图 3-18-3　刺儿菜 3

3-19-1	
3-19-2	3-19-3
3-19-4	

图 3-19-1　长裂苦苣菜 1
图 3-19-2　长裂苦苣菜 2
图 3-19-3　长裂苦苣菜 3
图 3-19-4　长裂苦苣菜 4

	3-20-1
	3-20-2
	3-20-3
3-20-4	3-20-5

图 3-20-1　苍耳 1
图 3-20-2　苍耳 2
图 3-20-3　苍耳 3
图 3-20-4　苍耳 4
图 3-20-5　苍耳 5

图 3-21-1　三叶鬼针草 1
图 3-21-2　三叶鬼针草 2
图 3-21-3　三叶鬼针草 3
图 3-21-4　三叶鬼针草 4

3-22-1	3-22-2
3-22-3	

图 3-22-1　硬质早熟禾 1
图 3-22-2　硬质早熟禾 2
图 3-22-3　硬质早熟禾 3

3-23-1	图 3-23-1 艾蒿 1
3-23-2	图 3-23-2 艾蒿 2

3-24-1

3-24-2

3-24-3

图 3-24-1　萎蒿 1
图 3-24-2　萎蒿 2
图 3-24-3　萎蒿 3

3-25-1

3-25-3

3-25-2

图 3-25-1　泥胡菜 1
图 3-25-2　泥胡菜 2
图 3-25-3　泥胡菜 3

3-26-1	3-26-2
	3-26-3
	3-26-4

图 3-26-1　苘麻 1
图 3-26-2　苘麻 2
图 3-26-3　苘麻 3
图 3-26-4　苘麻 4

图 3-27-1　鳢肠 1　　图 3-28-1　狗牙根 1
图 3-27-2　鳢肠 2　　图 3-28-2　狗牙根 2
图 3-27-3　鳢肠 3

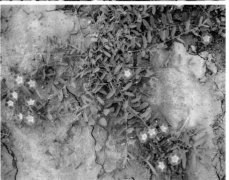

3-29-1	
3-29-2	3-29-3

图 3-29-1　田旋花 1
图 3-29-2　田旋花 2
图 3-29-3　田旋花 3

3-30-1

3-30-2

3-30-3

图 3-30-1　野燕麦 1
图 3-30-2　野燕麦 2
图 3-30-3　野燕麦 3

3-31-1
3-31-2　3-31-3
3-31-4

图 3-31-1　芦苇 1
图 3-31-2　芦苇 2
图 3-31-3　芦苇 3
图 3-31-4　芦苇 4

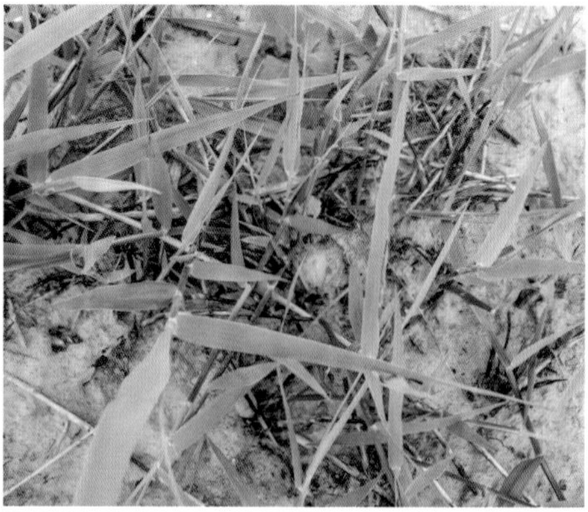

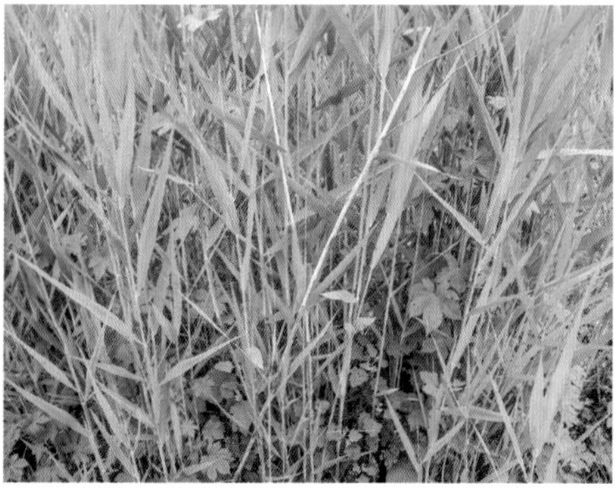

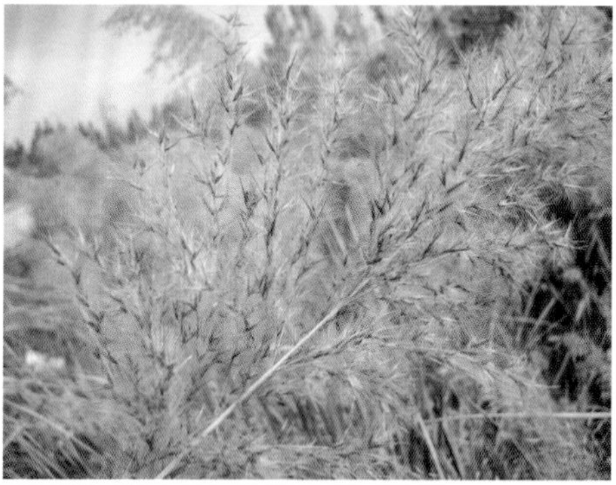

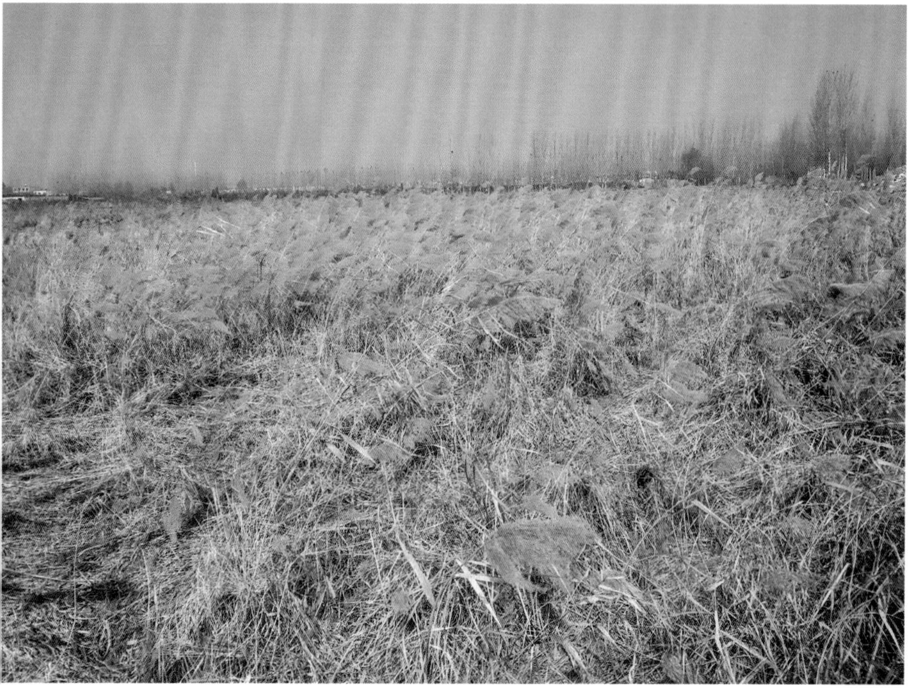

3-32-1
3-32-2
3-32-3

图 3-32-1　小花山桃草 1
图 3-32-2　小花山桃草 2
图 3-32-3　小花山桃草 3

3-34-1

3-34-2

3-34-3

图 3-34-1　蒺藜
图 3-34-2　蒺藜花
图 3-34-3　蒺藜果

3-35-1		图 3-35-1	龙葵 1
	3-35-3	图 3-35-2	龙葵 2
3-35-2		图 3-35-3	龙葵 3
	3-35-4	图 3-35-4	龙葵 4

3-36-1	
3-36-2	3-36-3

图 3-36-1　虎尾草 1
图 3-36-2　虎尾草 2
图 3-36-3　虎尾草 3

3-37-1	3-37-2
3-37-3	

图 3-37-1　夏至草幼苗
图 3-37-2　夏至草花
图 3-37-3　夏至草

图 3-38-1　刺苋 1
图 3-38-2　刺苋 2
图 3-38-3　刺苋 3

3-39-1

3-39-2

3-39-3

图 3-39-1　猪毛菜 1
图 3-39-2　猪毛菜 2
图 3-39-3　猪毛菜 3

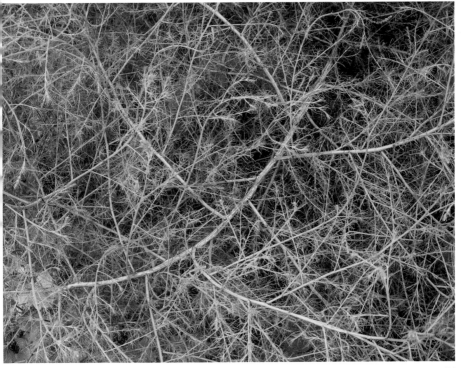

图 3-40-1　播娘蒿 1
图 3-40-2　播娘蒿 2
图 3-40-3　播娘蒿 3
图 3-40-4　播娘蒿 4

图 4-1-1　七星瓢虫成虫

图 4-1-2　七星瓢虫幼虫

图 4-1-3　七星瓢虫食蚜

图 4-1-4　七星瓢虫成虫

图 4-1-5　大红瓢虫

4-1-6	4-1-7
4-1-8	

图 4-1-6　二星瓢虫

图 4-1-7　四星瓢虫成虫

图 4-1-8　四星瓢虫成虫捕食蚜虫

4-2-1	4-2-2
	4-2-3
	4-2-4

图 4-2-1　草青蛉成虫
图 4-2-2　草青蛉幼虫
图 4-2-3　草青蛉卵
图 4-2-4　草蛉幼虫捕食蚜虫

4-3-1	4-3-2
4-3-3	4-3-4

图 4-3-1　桃粉蚜被蚜茧蜂寄生变黑
图 4-3-2　茧蜂寄生栗六点天蛾幼虫
图 4-3-3　茧蜂寄生绿尾大蚕蛾幼虫
图 4-3-4　黄刺蛾茧被茧蜂寄生

4-3-5	4-3-6

4-3-7

4-3-8

图 4-3-5　小茧蜂幼虫寄生鳞翅目幼虫

图 4-3-6　上海青蜂成虫交尾状

图 4-3-7　天敌姬蜂成虫

图 4-3-8　金小蜂寄生柑橘凤蝶蛹羽化孔

4-4-1	4-5-1
4-5-2	4-5-3
	4-5-4

图 4-4-1　钝绥螨（上）捕食红蜘蛛
图 4-5-1　蜘蛛结网
图 4-5-2　绿蜘蛛
图 4-5-3　长腿蜘蛛
图 4-5-4　蜘蛛若虫

4-5-5	4-5-6
4-5-7	4-5-8

图 4-5-5　蜘蛛成蛛
图 4-5-6　蜘蛛猎杀食蚜蝇
图 4-5-7　绿蜘蛛捕食斑柿斑叶蝉成虫
图 4-5-8　蜘蛛

4-6-1	
4-6-2	
4-6-3	
4-6-4	

图 4-6-1　黑带食蚜蝇
图 4-6-2　羽芒宽盾食蚜蝇
图 4-6-3　食蚜蝇幼虫
图 4-6-4　黑带食蚜蝇幼虫捕食蚜虫

4-7-1

4-7-2

4-7-3

图 4-7-1　光肩猎蝽成虫
图 4-7-2　光肩猎蝽若虫
图 4-7-3　小花蝽若虫
　　　　　捕食红蜘蛛

4-8-1

4-8-2

4-8-3

图 4-8-1　螳螂成虫
图 4-8-2　螳螂茧
图 4-8-3　螳螂捕食黑蝉

4-9-1	图 4-9-1　白僵菌致鳞翅目幼虫死亡状
4-9-2	图 4-9-2　寄生蝇寄生石榴茎窗蛾蛹
	图 4-12-1　戴胜
4-12-1　4-12-2	图 4-12-2　喜鹊巢

		图 4-12-3 大山雀
4-12-3		图 4-12-4 啄木鸟
	4-12-4	图 4-12-5 灰喜鹊
4-12-5		图 4-13-1 青蛙
	4-13-2	图 4-13-2 蟾蜍
4-13-1		

5-1-1	5-1-2
5-2-1	

图 5-1-1 太阳能能源频振式杀虫灯
图 5-1-2 交流电源频振式杀虫灯
图 5-2-1 大棚内黄色黏虫板

5-3-1	5-3-2
5-3-3	

图 5-3-1　黏虫带阻尺蠖上树
图 5-3-2　树干上黏虫带
图 5-3-3　树干上缠普通塑料薄膜阻虫

	5-5-1
5-4-1	5-6-1
5-6-2	

图 5-4-1　涂捕虫圈
图 5-5-1　防虫网
图 5-6-1　盲蝽诱捕器
图 5-6-2　诱捕器

	5-7-1
	5-7-2
5-8-1	5-7-3

图 5-7-1　白色木浆纸袋
图 5-7-2　白色无纺布袋
图 5-7-3　双层纸袋
图 5-8-1　释放天敌寄生蜂

第**1**章

櫻桃病害诊断与防治

01 樱桃褐腐病（图1-1-1至1-1-3）

症状诊断 嫩果染病，果面初现褐色病斑，后扩及全果，致果实收缩，成为灰白色粉状物，即病菌分生孢子。病果多悬挂在树梢上，成为僵果。叶片染病，多发生在展叶期的叶片上，初在病部表面出现不明显褐斑，后扩及全叶，上生灰白色粉状物。

病原 为子囊菌门樱桃核盘菌。危害果实和叶。

发病规律 病菌主要以菌核在病果中越冬，翌年4月，从菌核上生出子囊盘，形成子囊孢子，进行广泛传播。落花后遇雨或湿度大时易发病。

防治方法

农业防治 及时收集病叶和病果，集中烧毁或深埋，以减少菌源。改善樱桃园通风透光条件，避免湿气滞留。大棚樱桃开花期至果实膨大期，棚内相对湿度控制在60%左右，不宜过高或过低，以降低发病条件。

化学防治 开花前或落果后喷洒47%春雷考霉素·王铜可湿性粉剂700倍液或53.8%氢氧化铜干悬浮剂1000倍液、12%松酯酸铜乳油600倍液、50%百菌清可湿性粉剂700倍液、25%多菌灵可湿性粉剂800倍液等。

02 樱桃疮痂病（图1-2-1）

症状诊断 果实染病，初生暗褐色圆斑，大小2~3毫米，后变黑褐色至黑色，略凹陷，一般不深入果肉，湿度大时病部长出黑霉，病斑常融合，有时一个果实上达十多个病斑。叶片染病，生多角形灰绿色病斑，后病部干枯脱落或穿孔。新梢染病，生暗褐色椭圆形、略隆起病斑，常流胶。

病原 为子囊菌门樱桃黑星菌。危害果实、叶和枝。

发病规律 病菌主要以菌丝体在有病枝梢上越冬，翌年4~5月气温高于10℃时产生分生孢子，适温为20~28℃，适宜相对湿度为80%以上，病菌从皮孔或气孔等处直接侵入果实和枝、叶，经20~70天潜育，于6月开始发病，7~8月进入发病盛期。春、夏多雨潮湿易发病，园地低洼、湿气滞留、栽植过密不通风，发病重。晚熟品种常较早熟品种发病重。

防治方法

农业防治 合理修剪，特别注意剪除病梢，既减少菌源，又改善果园通风透光条件，减少病害发生。棚室樱桃要注意放风散湿，露地樱桃园雨季注意排水，严防湿气滞留。

化学防治 ①樱桃树发芽前，喷洒30%碱式硫酸铜悬浮剂500倍液或1∶2∶200倍式波尔多液。②落花后10~15天，喷洒50%甲基硫菌灵·硫黄悬浮剂800倍

液或25%苯菌灵·环己锌乳油800倍液、80%代森锰锌可湿性粉剂500倍液，隔15天1次，防至7月份。

03 樱桃炭疽病（图1-3-1至图1-3-3）

症状诊断　果实多在收获后及运输过程中发病，病斑初为茶褐色凹陷状，以后病斑上形成带有黏性的橙黄色孢子堆；幼果发病少，以成熟前7～10天发病较多。嫩芽及叶染病，先于开花前后在嫩芽上形成茶褐色圆形病斑，病斑相互融合引起叶片穿孔；6月份以后叶片变硬，叶面上病斑粗糙，为黑褐色小型或大型及不规则形病斑。发病严重时，引起大量落叶和芽枯。

病原　有性阶段为子囊菌门小丛壳菌。无性阶段为半知菌类盘圆孢菌。危害果、芽、叶。

发病规律　病菌以菌丝在枯死的病芽、枯枝、落叶痕及僵果等处越冬。翌年春季产生分生孢子，借风雨传播。发病潜育期在成熟果实及幼叶上为2～4天，老叶上长达20～30天。病菌发育温度为10～30℃，最适温度25℃左右。降雨多、果园郁闭严重，发病重。

防治方法

农业防治　冬春季彻底清除树上树下病枝、僵果，消灭越冬菌源。

化学防治　谢花后半月，病菌开始侵染时，及时喷洒第一次药，可选用多菌灵·代森锰锌可湿性粉剂400～600倍液或多菌灵·井冈霉素悬浮剂400～500倍、80%代森锌可湿性粉剂500～700倍液、75%百菌清可湿性粉剂800倍液、50%甲基硫菌灵可湿性粉剂600倍液、80%炭疽福美可湿性粉剂600倍液等，15～20天1次，连喷2～3次。

04 樱桃幼果菌核病（图1-4-1）

症状诊断　以幼果期发病重，近成熟期果实发病较少。病斑初呈水渍状，条件适宜时病斑迅速扩大，全果腐烂后，表面布满白色渐呈黑色如鼠粪状的菌核。病果多变成僵果，挂在树上或落于地面。

病原　为子囊菌门核盘真菌。危害果实。

发病规律　病菌以菌核在树上或地面的僵果表面越冬。翌年樱桃开花期，菌核释放子囊孢子，通过风雨传播侵染果实。

防治方法

农业防治　合理修剪，改善樱桃园通风透光条件，避免湿气滞留；及时清除树上树下病果，集中烧毁或深埋，以减少菌源。大棚樱桃开花期至果实膨大期棚内相对湿度控制在60%左右，不宜过高或过低，以降低发病条件。

化学防治　开花前或生理落果后喷洒47%青雷霉素·王铜可湿性粉剂700倍液或53.8%氢氧化铜干悬浮剂1000倍液、25%多菌灵可湿性粉剂800倍液、12%松酯酸铜乳油600倍液、50%百菌清可湿性粉剂700倍液等。

05　樱桃黑霉病（图1-5-1，图1-5-2）

症状诊断　主要发生于运输、销售及在树上熟过的果实，发病果实变软，很快呈暗褐色软腐，用手触摸果皮即破，果汁流出，病害发展到中后期，在病果间表面长出许多白色菌丝体和细小的黑色点状物，即病菌的孢子囊。

病原　为接合菌门黑根霉菌。主要危害果实。

发病规律　病菌孢子借气流传播，通过果实表面的伤口侵入，各种易造成伤口的措施，如采收、包装操作粗放，碰、挤伤等，都为病菌的侵入危害创造了条件；病果与好果接触也能传病。病菌发育适温为15~25℃，高温高湿特别利于病害的发生和发展。

防治方法

农业防治　适期采收果实；采收时轻摘轻放，尽量避免伤口，减少病菌侵染机会。采收后应将果实运送到阴凉处散热，并将伤果和病果剔除。

化学防治　在樱桃果近成熟时喷洒1次50%腐霉利可湿性粉剂1000~1500倍液或50%多菌灵可湿性粉剂800倍液、50%异菌脲可湿性粉剂1500倍液、70%甲基硫菌灵可湿性粉剂700倍液，控制病害的发生。长距离运销的果实，在八成熟时采摘，并用山梨酸钾500~600倍液浸后装箱，可减少贮运期间病菌的侵染而减少发病。

06　樱桃灰霉病（图1-6-1至图1-6-3）

症状诊断　幼果及成熟果实均可染病，初侵染时病部水渍状，果实变褐色，以后在病部表面密生灰色霉层，果实软腐，最后病果干缩脱落，并在表面形成黑色小菌核。叶片染病，在叶面产生片状灰色霉层，影响光合作用。

病原　为半知菌类灰葡萄孢霉菌。危害果实和叶。

发病规律　病菌以菌核及分生孢子在病果、病叶上越冬，樱桃展叶后，分生孢子随风雨、气流传播侵染。春季多侵染危害果实，夏秋季侵染叶片。管理粗放、施磷钾肥不足、机械伤、虫伤多、地势低洼、枝梢徒长、果园郁闭、通风透光不良的果园发病重。

防治方法

农业防治　冬春季彻底清除园内枯枝落叶，集中深埋或烧毁，消灭菌源。加强果园管理，合理施肥浇水，培养壮树，提高树体抗病能力。果实生长季节及时清除树上和地面的病果，减少菌源。

化学防治　落花后及时喷洒70%代森锰锌可湿性粉剂800倍液或50%多菌灵可湿性粉剂1000倍液、50%腐霉利可湿性粉剂2000倍液、50%异菌脲可湿性粉剂1000～1500倍液、65%硫菌·霉威可湿性粉剂1000～1500倍液等。

07 樱桃小果病（图1-7-1，图1-7-2）

症状诊断　果实染病，在感染病毒的当年，果实即表现轻微至中等程度的症状：果个小，粉红色；随病情发展风味不佳，且果实在树上延迟数周而不能正常成熟。叶片染病，在晚夏季节，叶片常会变为红色，特别是在昼夜温差大、白天阳光充足时，叶片变红更甚，9～10月份发病现象更为明显；枝条基部的叶片先变红发病，以后扩展至整株叶片。

病原　为樱桃小果病毒。危害果实和叶片。

发病规律　该病主要通过嫁接传染、苹果粉蚧及康氏粉蚧等介壳虫传播、带病毒繁殖材料扩展蔓延等。带病毒株多、介壳虫危害重的果园发病重；果园郁闭重、雨水多，利发病；几乎所有的甜樱桃品种，都对樱桃小果病毒表现有敏感性；被侵染的植株树势衰退、品质降低、产量下降。观赏性樱花是小果病毒的中间寄主。

防治方法

农业防治　栽培无病毒苗木。病樱桃苗在37～37.5℃恒温下热处理3～4周，可脱去小果病毒。拔除病树。在苗圃及大棚内，一旦发现有病苗或病树，要及时拔除烧毁。在樱桃栽培区不要种植观赏性樱花。

防虫治病　及时防治苹果粉蚧等介壳虫，可以减少此病的发生。

化学防治　发病初期，叶面喷洒83增抗剂50倍液或0.5%抗病毒1号水剂500倍液等。

08 樱桃裂果病（图1-8-1，图1-8-2）

症状诊断　果皮开裂露出果肉，主要有横裂、纵裂和三角形裂等3种方式。果实开裂后，失去商品价值，并易招致霉菌侵染而发病。

病因　为生理性病害，自然因素影响所致。

发病规律　裂果主要发生在果实膨大期。由于水分供应不均匀，或后期天气干旱，突然降雨或灌水，果树吸水后果实迅速膨大，果肉膨大速度快于果皮膨大而造成裂果。不同品种发病轻重不同。土壤有机质含量低、黏土地、通气性差、土壤板结、干旱缺水，裂果发生重。

防治方法

农业防治　改良土壤，增施有机肥；地面覆草、涵养土壤水分；合理适时浇水，避免果园大干大湿。果实膨大期地面覆膜，控制土壤吸水量。果实成熟期遇雨后及时抢摘。

化学防治　对于历年裂果较重的园地，在未出现裂果前，喷施浓度为0.03%的氯化钙水溶液或0.2%的硼砂水溶液，可减轻裂果病的发生。

09 樱桃细菌性穿孔病（图1-9-1）

症状诊断　叶片受害，病斑初期为水渍状小点，继后呈黄色或紫褐色，扩大成圆形或不规则形，并略带有黄绿色晕环；空气湿润时，病斑背面有黏膜状菌脓，最后病斑干枯，病健组织交界处发生一圈裂纹，病死组织脱落形成穿孔。由黄单胞杆菌引起的病斑晕圈较为明显，穿孔较圆而小；假单胞杆菌引起的病斑晕圈不明显，穿孔呈不规则形。枝条受害后，病斑褐色至紫褐色，稍凹陷，边缘水渍状，多呈菱形，常伴有流胶。果实受害，在果实表面出现褐色至紫褐色病斑。

病原　为黄单胞杆菌和假单胞杆菌。病原菌单独或混合侵染。危害叶、枝和果实。

发病规律　病害通常由黄单胞杆菌或假单胞杆菌引起，有时两者混合发生。病菌在枝条的病组织内（主要在引起溃疡的病斑内）越冬。春季随气温升高，病原细菌开始活动。果树开花前后，病斑表皮破裂，病菌从病组织中逸出，通过风、雨或昆虫传播，由叶片的气孔、枝条或果实的皮孔侵入。温暖、降雨频繁或多雾的天气易造成病害的流行。树势衰弱，通风透光不良或偏施氮肥的果园发病重。

防治方法

农业防治　增施有机肥，避免偏施氮肥，培育壮树，增强抗病能力；合理修剪，保持果园通风透光良好，降低果园湿度；避免樱桃、桃、李、杏等果树混栽，以防病菌交互传染；及时剪除树上的病枯枝，消灭越冬菌源。

化学防治　①树体发芽前全树均匀喷布4～5波美度石硫合剂，或1：1：100波尔多液；50%福美双可湿性粉剂或50%退菌特可湿性粉剂100倍液，消灭在枝条溃疡部越冬的菌源。②果树生长季节，从坐果开始，每隔10天喷一次硫酸锌石灰液（硫酸锌1份、石灰4份、水240份），或70%代森锰锌可湿性粉剂700倍液、65%代森锌可湿性粉剂500倍液、1000万单位农用硫酸链霉素原粉3000～5000倍液。

10 樱桃黑色轮纹病（图1-10-1，图1-10-2）

症状诊断 初生褐色小斑，圆形至不规则形，后变茶褐色，轮纹状病斑直径10毫米左右，上生黑色霉层，即病原菌分生孢子梗和分生孢子。

病原 为半知菌类樱桃链格孢菌。危害叶。

发病规律 该病原菌是一种弱寄生菌，主要以分生孢子在病叶等病残体上越冬，翌年春季气温回升，分生孢子借风雨传播，进行初侵染后在病斑上又产生分生孢子进行多次再侵染。病菌生长适温25℃左右，从寄主气孔、皮孔及表皮直接侵入。树体营养不良、生长势衰弱、伤口多，易发病。树冠茂密、通风透光差、地势低洼、果园湿度大，发病重。

防治方法

农业防治 ①选用抗病品种，如意大利早红、大紫、拉宾斯、红灯、巨红、芝罘红、那翁等品种。②加强果园综合管理，合理修剪，增施有机肥，增强树势，提高抗病力。

化学防治 发病初期喷洒50%异菌脲可湿性粉剂1000倍液或40%百菌清悬浮剂500倍液、70%代森锰锌可湿性粉剂500倍液、65%福美锌可湿性粉剂400倍液，10天1次，连续防治2~3次

11 樱桃褐斑穿孔病（图1-11-1至图1-11-3）

症状诊断 叶上病斑圆形或近圆形，略带轮纹，大小1~4毫米，中央灰褐色，边缘紫褐色，病部生灰褐色小霉点，后期散生的病斑多穿孔、脱落，重者造成落叶。

病原 有性态为子囊菌门樱桃球腔菌；无性态为半知菌类核果假尾孢菌。危害嫩梢和叶。

发病规律 病菌主要以菌丝体或子囊壳在病残落叶上或枝梢病组织内越冬，翌春产生子囊孢子或分生孢子，借风雨或气流传播。6月开始发病，8、9月进入发病盛期。温暖、多雨的条件易发病；树势衰弱、果园郁闭严重、湿气易滞留，发病重。

防治方法

农业防治 冬春季彻底清除果园残枝落叶，剪除病枝集中烧毁。合理修剪，保持果园通风透光良好，雨季及时浇水和排水，防止湿气滞留；增施有机肥料，及时防治病虫害，增强树势，提高抗病能力。

化学防治 展叶后及时喷洒1∶1∶200倍式波尔多液或40%百菌清悬浮剂600倍液、50%苯菌特可湿性粉剂800倍液、70%代森锰锌可湿性粉剂500倍液

等；也可用硫酸锌石灰液喷洒防治，即硫酸锌1千克、消石灰4千克对水240千克配成。

12 樱桃叶点病（图1-12-1至图1-12-3）

症状诊断 叶片被害初期，病斑为淡绿色，渐变为红褐色，后变为灰褐色，终成灰白色。病斑扩展后边界不清晰，后期上面散生出许多小黑点，即为病原菌的分生孢子器。

病原 为半知菌类叶点菌。危害叶。

发病规律 病菌在病残落叶上越冬，第二年4~5月份产生分生孢子，随风雨传播和侵入，尤其在夏季降雨多的年份，地势低洼、枝条郁闭的果园发病较重。

防治方法

农业防治 适时疏枝修剪，使果园通风透光良好，减轻病害发生。冬春季清除园内落叶，集中烧毁或深埋，减少越冬菌源。

化学防治 花芽萌动前，树体均匀喷布3~5波美度石硫合剂或50%福美双可湿性粉剂100倍液；谢花后每隔10~15天喷洒1次50%多菌灵可湿性粉剂或75%百菌清可湿性粉剂600倍液，70%甲基硫菌灵可湿性粉剂700倍液、65%代森锰锌可湿性粉剂500倍液等。

13 樱桃褪绿环斑病（图1-13-1至图1-13-3）

症状诊断 病毒侵染1~2年后，春天叶片上出现淡绿色或浅黄色环斑、斑点或条斑。有些品种的叶片患病后斑点很小，呈针尖状。急性症状仅在被侵染的下一年出现，而且在很短的时间后即隐蔽不显。慢性型病树，在侵染当年只在个别枝梢上显症。在1年生樱桃树上往往在下部叶片背面叶脉的两侧出现耳状突起，结果树很少产生耳突。在圆叶樱桃树叶上产生褪绿环纹、斑点或褪绿的栎叶状斑纹。

病原 为李矮缩病毒褪绿环斑病株系。危害叶。

发病规律 该病由嫁接传染和花粉传染。在苗圃中如嫁接带病毒接穗，可显著降低嫁接成活率，导致接穗部分枯死。结果树染病，病株的生长量和产量明显降低，最多可减产90%以上。

防治方法

农业防治 嫁接苗一定要选用无病毒接穗；新建园严格采用无病毒苗木。成龄果树发现病株重点防治，或者砍伐掉，避免有毒花粉传播病毒。

化学防治 染病初期及时喷洒0.5%抗病毒1号水剂300倍液或10%抑病灵水

剂500倍液、4%嘧肽霉素水剂200倍液、1.5%植病灵乳油800倍液、5%菌毒清水剂200倍液、20%病毒 A 可湿性粉剂500倍液等，可缓解病情。

14 樱桃坏死环斑病（图1-14-1至图1-14-3）

症状诊断 常在早春刚展开的少数叶片或部分枝条的叶片上产生症状。病害的慢性型症状，是在叶片上形成淡绿色至淡黄色环斑或条斑，在环斑的内部有褐色坏死斑点，其后坏死斑往往破碎脱落形成穿孔。在染病的第一、二年，病树常出现急性型症状，病斑较大，整个叶面布满坏死斑；若是强毒株系和感病品种，则坏死部分扩展到全叶，其后叶肉组织全部破碎脱落，仅残留叶脉。急性型症状常引起幼树死亡，一些染病幼树，在嫩叶背面主脉基部一侧有时产生耳状突起。如果接穗和砧木染病，其嫁接成活率可减少60%；病樱桃树高度降低，直径减小，树体生长量明显下降，生产果量减产30%~50%。

病原 为李属坏死环斑病毒普通株系（type strain）。危害叶。

发病规律 该病主要由嫁接传染，也能通过花粉和种子传染。此病毒多与李矮缩病毒复合侵染。樱桃园中若有病树存在，4~6天后全园均可感染。病毒的潜育期因传染方式不同而异。春天嫁接接种，几周之内即发病。花粉传染一般在翌年发病。

防治方法

农业防治 选用无病毒砧木和接穗，培育无病毒苗木；严格栽植无病毒苗木。成龄果树发现病株重点防治，或者砍伐掉，避免有毒花粉传播病毒。

化学防治 染病初期及时喷洒1.5%植病灵乳油800倍液或5%菌毒清水剂200倍液、20%病毒 A 可湿性粉剂500倍液、4%嘧肽霉素水剂200倍液或0.5%抗病毒1号水剂300倍液、10%抑病灵水剂500倍液等，可缓解病情。

15 樱桃叶斑病（图1-15-1至图1-15-3）

症状诊断 被侵染的叶片正面叶脉之间，产生色泽不同的斑点，扩大后成褐色或紫色，从中部开始，逐渐向外枯死，斑点形状不规则，可形成穿孔。斑点背面往往出现粉红色霉状物，有时叶柄、果实也会受到感染产生褐色斑。随病情发展数斑连合，叶片变黄，可致叶片大部分枯死脱落。大樱桃上叶斑大而圆，正面亦可产生粉红色霉，严重时造成落叶落果。

病原 为一种真菌。危害叶片。

发病规律 病菌在落叶上越冬。春暖后形成子囊及子囊孢子，樱桃开花时，孢子成熟，随风雨传播，从叶片气孔直接侵入，可重复侵染。大棚栽培樱桃在温室揭膜后发病重。

防治方法

农业防治　加强综合管理，改善通风透光条件，增强树势，提高树体抗病能力。冬春季或大棚樱桃扣棚前彻底清除园内枯枝、落叶，剪除病枝，集中烧毁，消灭越冬菌源。

化学防治　在谢花后至采果前，喷洒1~2次70%代森锰锌可湿性粉剂或50%多菌灵可湿性粉剂800倍液，75%百菌清可湿性粉剂500~800倍液；采果后，喷洒2~3次1：2：200倍量式波尔多液或70%代森锰锌可湿性粉剂800倍液，大棚樱桃注意在撤膜前放风锻炼叶片。

16　樱桃皱叶病（图1-16-1）

症状诊断　叶片形状不规则，往往过度伸长、变狭；叶缘深裂，叶脉排列不规则；叶片皱缩，叶面呈淡绿与绿色相间的不均衡颜色；叶片薄、无光泽，叶脉凹陷，叶脉间有时过度生长。皱缩的叶片有时整个树冠都有，有时只在个别枝上出现。明显抑制树体生长，树冠发育不均衡。花畸形，产量明显下降。

病原　为类病毒病毒，主要危害叶。

发病规律　该病经带病毒砧木、种子、花粉及嫁接传染，蚜虫、蓟马、叶蝉、叶螨、土壤线虫等危害也能传染病毒，蚜虫、蓟马等刺吸式口器危害重的樱桃树发病重。病毒传染有遗传性。通过带病毒苗木远距离传播。

防治方法

农业防治　拔除病株。对发现和经检测确认的病树，实行严格隔离，若数量少时予以铲除；及时剪除重病枝，防止病害传播蔓延。繁育无病毒苗木。不在染病株上采集砧木种子；绝对避免用染毒的砧木和接穗嫁接繁育苗木。繁育樱桃苗时，要建立隔离的无病毒根砧圃、采穗圃和繁殖圃。不要用带病毒树上的花粉授粉。及时防治传毒昆虫。如蚜虫、叶螨、叶蝉、蓟马、土壤线虫等。防治的关键是消灭毒源，切断传播路线。

化学防治　发病初期叶面喷洒20%病毒A可湿性粉剂500倍液、10%混合脂肪酸（83增抗剂）水乳剂100倍液、5%菌毒清水剂200倍液等，对皱叶病的发生有明显抑制作用。

17　樱桃煤污病（图1-17-1）

症状诊断　发病初期叶面出现暗褐色圆形或不规则形的霉点，后形成煤灰状物，重则布满叶、枝及果面，影响光合作用，导致提早落叶。

病原　引致煤污病的病原菌有多种，主要有出芽短梗霉、多主枝孢、大孢枝孢,均为半知菌类真菌。危害叶、枝和果实。

发病规律 以菌丝和分生孢子在病叶上或在土壤内、植物残体上越冬,分生孢子借风雨、蚜虫、介壳虫等传播。树冠郁闭、通风透光条件差、湿度大易发病。

防治方法

农业防治 合理修剪,增施有机肥,适时灌水,培育壮树,保持果园通风透光良好;温室栽培注意控制空气湿度。

防虫治病 及时防治蚜虫、介壳虫等各种害虫。

化学防治 发病初期及时喷布50%克菌丹可湿性粉剂400倍液,或40%多菌灵可湿性粉剂600倍液、25%乙霉威可湿性粉剂1000倍液、65%硫菌·霉威可湿性粉剂或50%甲基硫菌灵·硫黄悬浮剂800倍液等,10~15天1次,连续防治2~3次。

18 樱桃枝枯病（图1-18-1,图1-18-2）

症状诊断 枝条染病,皮部松弛稍皱缩,上生黑色小粒点,即病原菌分生孢子器。粗枝染病,病部四周略隆起,中央凹陷,呈纵向开裂似开花馒头状,严重时木质部露出,病部生浅褐色隆起斑点,常分泌树脂状物。严重时,导致枝条大量枯死,影响树势。

病原 为半知菌类苹果拟茎点霉菌。危害枝条。

发病规律 病菌以子座或菌丝体在病部组织内越冬,条件适宜时产生分生孢子,借风雨传播,侵入枝条,病菌可以进行多次再侵染,致该病不断扩展。3~4年生樱桃树受害重。

防治方法

农业防治 加强果园综合管理,增施有机肥,适时灌水,及时防治病虫害,增强树势,提高抗病能力。发现病枝,及时剪除。冬季束草防冻,减少伤口。

化学防治 抽芽前喷洒1∶1∶100倍量式波尔多液或70%多硫化钡可溶性粉剂600倍液。4~6月喷洒50%甲基硫菌灵·硫黄悬浮剂800倍液或50%甲基硫菌灵可湿性粉剂800倍液、25%多菌灵可湿性粉剂500~800倍液、53.8%氢氧化铜干悬浮剂900倍液等。

19 樱桃冠瘿病（图1-19-1,图1-19-2）

症状诊断 在地上部树干或枝条上,独立生出具多分枝短缩根系的圆形或不规则形瘤状突起,深褐色,瘤部皮开裂。患病植株生长衰弱。

病因 地上茎枝分枝处细胞不正常分裂，从根原基上长出的初生根上突生出几十至上百个细胞团，形成具短缩根系的瘤状突起，故又称毛瘤病。

发病规律 多起源于节部。这种根原基在幼枝中，能休眠数月至数年。低光照，温度为20~25℃时可刺激根原基的发育。翌春条件适宜时先形成2~4个典型侧根，第三年以后长出新的侧根，损伤毛瘤的外部组织并刺激生长新根，以后每年生长从而使毛瘤长大。毛瘤病的发生与砧木及品种的遗传特性有关。

防治方法

农业防治 及时清除主干周围杂物及垃圾，可减少毛瘤病发生。刮毛瘤。先用刀割除或用喷灯烧灼除去毛瘤，然后喷涂二甲苯酚和苯基乙酸酯混成的乳剂，抑制毛瘤的发生。树干基部适当培土可促进毛瘤生根，减轻发病。

20　樱桃腐烂病（图1-20-1，图1-20-2）

症状诊断 枝干染病后病斑与健部交界处明显，起初稍凹陷，可见米粒大小的流胶，其后病部树皮腐烂、湿润，呈黄褐色，并有酒精气味；病斑纵向扩展比横向快，并深达木质部，病部干缩凹陷，病斑表面有时出现许多小黑点，此为病菌的子座；当病斑扩展包围病树或小枝基部主干一周时，导致主干或枝条死亡。

病原 有性态为子囊菌门的日本黑腐皮壳菌和核果黑腐皮壳菌，无性态为半知菌类核果壳囊孢菌。危害枝、干。

发病规律 病菌寄生性很强，对树势健壮的樱桃树危害较轻，在衰弱和垂死的树皮上扩展快。病菌在树干病组织中越冬，借风雨和昆虫传播，病菌从树干（枝）伤口或皮孔侵入，树皮染病后病部常发生流胶现象。第二年3~4月分生孢子萌发，5~6月是病害发展的高峰期，春、秋两季病疤扩展较快，高温对病害的发展有抑制作用，11月份逐渐停止扩展。冻害造成的伤口及其他农事操作造成的伤口是病菌侵入的主要途径，凡是能导致樱桃树抗寒性降低的因素，如负载量过大，施用速效肥过多，磷、钾肥不足，地势低洼，土壤黏重，雨季排水差等不利于樱桃树生长的条件，都可诱发腐烂病的发生。

防治方法

农业防治 加强栽培管理，增强树势，提高抗病能力；合理修剪，修剪后要用杀菌剂涂抹剪锯口；晚秋用石灰水涂干，或在树的主干上缠草绳，防止樱桃树受冻害，以减轻冻害的发生。

化学防治 该病初期症状不明显，早春要细心查找，发现后用刀先将病疤刮除，再用47%春雷霉素·王铜可湿性粉剂100倍液或70%甲基硫菌灵可湿性粉剂50倍液、45%晶体石硫合剂30倍液、1：0.5：100倍量式波尔多液、50%腐霉利可湿性粉剂100倍液涂抹伤口，消毒保护。因樱桃树易流胶，所以在刮除病疤涂药治疗后，最好再涂一层植物或动物油脂类的伤口保护剂。

21　樱桃灰色膏药病（图1-21-1，图1-21-2）

症状诊断　在枝、干染病部位着生圆形或不规则形病斑，呈灰白色或暗灰色膏药状，表面比较光滑，以后由灰白色变为紫褐色或黑色，此为病菌的菌膜。

病原　为担子菌门隔担耳菌。危害枝、干。

发病规律　病菌以菌膜在被害枝干上越冬，翌年6~7月，产生担孢子通过风雨和昆虫传播。病菌生长期以介壳虫的分泌物为养料，所以在介壳虫发生重的果园，此病发生多。

防治方法

农业防治　注意田间观察，发现枝干上的菌膜及时刮除，并在病部涂抹5波美度石硫合剂或1：0.5：100倍量式波尔多液、25%多菌灵可湿性粉剂200倍液、5%菌毒清水剂50倍液等，杀菌保护。

及时防治介壳虫　及时防治杏球坚蚧、康氏粉蚧、桑白蚧等介壳虫，创造不利病菌生长的环境条件，以减轻病害的发生。

22　樱桃真菌性流胶病（图1-22-1）

症状诊断　病部枝干皮层呈疣状隆起，或环绕皮孔出现凹陷病斑，从皮孔渗出胶液，形成半透明稀薄而有黏性的瘤状突起物，旱天质硬，阴雨天膨胀为胨状胶体。病斑扩展，侵染点增多到绕枝干一周后，病斑上部枝干常枯死。在枯死的枝干上可见到许多小黑粒点状物。

病原　为子囊菌门茶藨子葡萄座腔菌。危害枝和干。

发病规律　病菌以菌丝体、子座和分生孢子器在病部越冬，并可在病枝上存活多年。天气潮湿时从分生孢子器溢出块状的分生孢子角，里面含有大量的分生孢子。分生孢子的生成量，新病枝较老病枝多。分生孢子靠雨水分散、传播到枝干上，萌发后从皮孔或伤口侵入。

防治方法

农业防治　选择地势高、透水性好的砂质壤土地建园；避免重茬栽植樱桃树；加强栽培管理，增强树势，提高抗病能力；冬季或早春按结1千克樱桃果施入2~3千克有机肥的比例，开沟施入樱桃树根际；生长季节适时追肥浇水；冬春防冻害，减少伤口，修剪时将树上病枯枝剪除烧掉，减少越冬菌源。

化学防治　樱桃树萌芽前全树均匀喷布50%代森锰锌可湿性粉剂600~800倍液，以消灭树皮浅层的流胶病菌。樱桃树生长期间，用70%甲基硫菌灵可湿性

粉剂700倍液或50%多菌灵可湿性粉剂600倍液、75%百菌清可湿性粉剂500倍液等喷布枝、干。

23 樱桃生理性流胶病（图1-23-1）

症状诊断 主干和主枝受害初期，病部稍肿胀，早春树液开始流动时，日平均气温15℃左右开始发病，5月下旬至6月下旬为第一次发病高峰，8~9月为第二次发病高峰期，以后随气温下降，逐步减轻直至停止。从病部流出半透明黄色树胶，尤其雨后流胶现象严重。流出的树胶变为红褐色，呈胶胨状，干燥后变为红褐色至茶褐色的坚硬胶块。病部易被腐生菌侵染，使皮层和木质部变褐腐烂，致树势衰弱，叶片变黄、变小，严重时枝干或全株枯死。果实发病，由果核内分泌黄色胶质，溢出果面，病部硬化，严重时龟裂，不能生长发育，无食用价值。

生理性流胶病与真菌性流胶病的区别为：树皮开裂渗出胶液，流胶量大而多，胶液下病斑皮层变褐坏死。

病因 为生理性病害。①各种伤口引起的流胶，如霜害、冻害、病虫害、雹害及机械伤等。②栽培管理不当引起流胶，如施肥不当、修剪过重、结果过多、栽植过深、土壤黏重、土壤酸碱度等原因，引起树体生理失调，而导致流胶病的发生。主要危害主干和主枝桠杈处、小枝条，果实也可被害。

发病规律 一般4~10月间，雨季、特别是长期干旱后偶降暴雨，流胶病严重。树龄大的树流胶严重，幼龄树发病轻。果实流胶多由虫害引起，椿象危害重果实流胶也重。砂壤和砾壤土栽培流胶病很少发生，而黏壤土和肥沃土栽培流胶病易发生。偏施氮肥、负载量过大、地势低洼、雨季排水差、涝害等因素影响发病重。

防治方法

农业防治 加强樱桃园的管理，增强树势。增施有机肥，合理施氮肥，低洼积水地注意排水；酸碱土壤适当施用石灰或过磷酸钙，改良土壤，盐碱地要注意排盐；合理修剪，修剪在休眠期进行，减少枝干伤口；越冬前树干涂白，预防冻害和日灼伤；避免连作。

防虫治病 及时防治树上的害虫，如介壳虫、蚜虫、天牛、食心虫等。

生物防治 于花后和新梢生长期各喷一次0.01%~0.1%的矮壮素液，促进枝条早成熟预防流胶。

化学防治 ①早春发芽前将流胶部位病组织刮除，伤口涂45%晶体石硫合剂30倍液，然后涂白铅油或煤焦油保护。②树体喷洒50%甲基硫菌灵·硫黄悬浮剂800倍液或50%多菌灵可湿性粉剂800倍液、50%异菌脲可湿性粉剂1500倍液等。

24 樱桃根癌病（图1-24-1至图1-24-3）

症状诊断 肿瘤多发生在表土下根颈部和主根与侧根连接处或接穗和砧木愈合地方。瘤体椭圆形或不规则形，大小不一，直径0.5~8厘米。幼嫩瘤淡褐色，表面粗糙不平，柔软海绵状；继续扩展，瘤体外层细胞死亡，颜色逐年加深，内部组织木质化形成较坚硬的瘤。染病的苗木，根系发育受阻，细根少，树势衰弱，病株矮小，叶色黄化，提早落叶，严重时造成全株干枯死亡。

病原 为土壤野杆菌属根癌土壤杆菌，又名樱桃树根部肿瘤病。危害根系和干。

发病规律 根瘤细菌是一种土壤习居菌，在土壤未分解病残体中可存活2~3年，随病残体分解而死亡，单独在土壤中只能存活1年。通过雨水、灌溉水及地下害虫、修剪工具、病残组织、带菌土壤等传播，带菌苗木和接穗作远距离传播。从修剪、嫁接、扦插、虫害、冻害或人为造成的伤口处侵入。肿瘤一般先从根部皮孔处突起，逐渐增大，危害重时，与根对应的主枝易枯死；幼树主干上如遭受冻害或病虫伤及机械伤也易形成肿瘤。降雨多、田间湿度大、受冻害重、地势低洼、碱性土壤易发病。

防治方法

农业防治 选用无病壮苗。不在有病苗圃地育苗，选用无病砧木和接穗，培育无病苗木；禁止从病区调苗。选用无病苗木是控制该病蔓延的主要途径。加强管理，增强树势，提高抗病能力，适当增施酸性肥料，使土壤呈微酸性，抑制其发生扩展；根茎周围替换无病土。栽前苗木处理。根癌病重病区，定植前可用土壤杆菌K84菌液浸根30分钟或1%硫酸铜液浸根10分钟、30%石灰乳浸根60分钟。

化学防治 扒开根颈部土壤，切掉病瘤刮净，伤口用2%402杀菌剂乳油100倍液消毒，或涂抹石硫合剂、波尔多液保护，或用土壤杆菌K84菌液灌根。连续防治可以使病害得到控制。

25 樱桃木腐病（图1-25-1）

症状诊断 在枝干部的冻伤、虫伤、机械伤等各种伤口部位，散生或群聚生病菌小型子实体，外部症状如膏药状或覆瓦状。被害木质部形成不明显的白色边材腐朽。

病原 为担子菌亚门普通裂褶菌真菌。

发病规律 病菌以菌丝体在被害木质部潜伏越冬，翌年春季气温上升至7~

9℃时继续蔓延活动，16~24℃时扩展比较迅速，当年夏、秋季散布孢子，自各种伤口侵染为害。衰弱树、濒临死树易感病。伤口多而衰弱的树发病较重。

防治方法

农业防治 ①避免及保护伤口。注意蛀干害虫的防治，避免造成虫伤。剪口、锯口等机械伤口、冻伤口等及时涂药保护，防止病菌侵染。常用伤口保护剂如1%硫酸铜消毒液、波尔多液浆、腐植酸·铜等。②加强栽培管理。以有机肥为主，增施磷、钾肥，合理调整结果量，培育壮树，提高树体抗病能力。③及时刮除子实体，深埋或烧毁，病部再涂1%硫酸铜、波尔多液消毒。

化学防治 樱桃树萌芽前全树均匀喷布5%菌毒清水剂50~100倍液、20%三唑酮乳油200倍液等，消灭浅层病菌。

26 樱桃缺硼症 (图1-26-1，图1-26-2)

症状诊断 主要表现在先端幼叶和果实上，缺硼时，幼叶叶脉间失绿，果实出现畸形、无种子等。

病因 植株由于土质、土壤酸碱度、根系分布深度、土壤含水量等因素的影响表现缺硼症状。一般偏施氮、钾、钙多时，影响硼的吸收；或因土壤干旱而降低土壤中硼的有效性，容易引起缺硼。

防治方法

土壤施硼 对土壤缺硼的果园于春季发芽前每亩施硼砂0.6~1.2千克，可与有机肥或土混匀后均匀地施入土壤。

叶面施硼 对缺硼植株于开花前1~2周开始喷洒浓度为0.2%~0.3%的硼砂溶液，喷时加0.3%的生石灰溶液，以防止药害，7~10天1次，连喷2~3次。叶面施硼见效快，效果好。

水分管理 为防止缺硼干旱年份特别注意及时浇水。

27 樱桃缺铁症 (图1-27-1)

症状诊断 又称"黄叶病"，先是新梢顶端的叶失绿而变绿黄色，渐发展至全树，轻则叶肉呈黄绿色而叶脉仍为绿色，叶脉间失绿明显，重则叶小而薄，叶肉呈黄白色至铁锈色，直至叶脉变成黄色，叶缘焦枯，叶片脱落；新梢顶端枯死。

病因 当土壤过碱和含有多量碳酸钙以及土壤湿度过大时，使可溶性铁变为不溶性状态，植株无法吸收，导致树体缺铁。

防治方法

改良土壤 释放被固定的铁元素，是防治缺铁症的根本性措施。通过增施有机肥、种植绿肥等措施，增加土壤有机质含量，改变土壤的理化性质，释放被固定的铁。盐碱地通过挖沟排水、降低地下水等措施，改土治碱；黏土地通过掺沙改黏、增加土壤透水性等措施改良土壤。

补充铁素 ①将3%硫酸亚铁与饼肥或牛粪混合施用。方法是：将0.5千克硫酸亚铁溶于水中，与5千克饼肥或50千克牛粪混匀后施入根部，有效期约半年。②把3%硫酸亚铁与有机肥按1∶5的比例混合，每株施用2.5~5千克，效果达2年以上。③发芽前枝干喷洒0.3%~0.5%的硫酸亚铁溶液，或喷洒硫酸亚铁1份+硫酸铜1份+生石灰2.5份+水360份混合液。④发病初期叶面喷洒0.4%硫酸亚铁溶液，7~10天1次，连喷2~3次。

28 樱桃立枯病 (图1-28-1)

症状诊断 幼苗染病后初期在茎部产生椭圆形暗褐色病斑，病苗白天萎蔫，夜间恢复。后期病部凹陷腐烂，绕茎一周，幼苗即倒伏死亡。

病原 为半知菌类立枯丝核菌，又名烂颈病、猝倒。主要危害砧木苗。

发病规律 病菌在土壤和病组织中越冬。病菌通过水流、农具传播，直接侵入寄主。从种子发芽到出现4片真叶期间均可感病，但以子叶期感病较重。地势低洼、排水不良、土壤黏重、植株过密、前作蔬菜、幼苗出土后遇阴雨天气，病害重。

防治方法

科学选择苗圃地 育苗要选用无病菌的新地块或砂壤土质地块作苗圃地，避免重茬。

播种前土壤处理 用0.5%炭疽福美或50%多菌灵、70%甲基硫菌灵等配药土处理土壤，每平方米用药8~9克，掺土1千克。

幼苗发病前期喷药防治 喷洒70%百菌清可湿性粉剂1000倍液或70%甲基硫菌灵可湿性粉剂800倍液、25%多菌灵可湿性粉剂500倍液、45%噻菌灵悬浮剂1000倍液等。

第2章

樱桃害虫诊断与防治

01 樱桃实蜂（图2-1-1，图2-1-2）

属膜翅目叶蜂科。

分布与寄主

分布　陕西及周边地区。

寄主　樱桃。

危害特点　以幼虫蛀食果实，致果实失去食用价值或脱落。

形态诊断　成虫：雌体长5.3~5.7毫米，翅展12~13毫米，头、胸部和腹背黑色；触角丝状9节；中胸背板有"X"形纹；翅透明，翅脉棕褐色。卵：长椭圆形，0.8毫米×0.4毫米，乳白色。幼虫：成龄幼虫体长8.4~9.5毫米，头淡褐色，体黄白色，胸足3对，腹足不发达，体多皱褶和突起。茧蛹：茧皮革质，圆柱形，长4.3~6.5毫米，褐色；蛹淡黄至黑色。

发生规律　1年发生1代，以老熟幼虫结茧在土下滞育，12月中旬开始化蛹越冬。翌年3月中下旬樱桃花期孵化上树，成虫羽化盛期为樱桃始花期。成虫产卵于花萼表皮下和花柄内，一般一朵花只产一粒卵，卵期6~8天。初孵幼虫从果顶蛀入，在果内蛀食20~27天，5月中旬脱果入土结茧滞育。蛀果孔初为浅褐色，附近有少量虫粪，后变为小黑点。随虫龄增大幼虫取食果肉并蛀入种核取食种仁，果内充满虫粪，受害果提前变红早落。幼虫老熟后从果柄附近咬一脱果孔落地，在树盘土深1~14厘米处栖息。

防治方法

农业防治　幼虫脱果期及冬春季深翻树盘10厘米以上，消灭土中茧蛹。

化学防治　①成虫发生盛期幼虫孵化前后，及时喷洒2.5%溴氰菊酯乳油2000倍液或50%丙硫磷乳油1000倍液、30%二嗪磷乳油1500倍液、25%甲萘威可湿性粉剂800倍液等。②幼虫脱果期地面撒施2.5%辛硫磷乳油100倍液拌成的毒土或10%辛硫磷颗粒剂，撒后搂耙几次，使药土混匀。

02 花壮异蝽（图2-2-1至图2-2-3）

属半翅目异蝽科。又名梨椿象、臭大姐、臭板虫。

分布与寄主

分布　全国各产区。

寄主　梨、樱桃、杏、李、桃、苹果等果树。

危害特点　成、若虫刺吸枝梢和果实汁液。枝条被害后，生长缓慢，影响树势，严重时枯萎死亡。果实受害后生长畸形，硬化，不堪食用，失去商品价值。

形态诊断　成虫：体长10~13毫米，宽5毫米，扁平椭圆形，褐色至黄绿色；头淡黄色，中央有2条褐色纵纹；触角丝状5节；前胸背板、小盾片、前翅革质部分均有黑色细小刻点；前胸前缘有一黑色八字形纹；腹部两侧有黑白相间的斑纹，常露于翅缘外面，腹面黑斑内侧有3个小黑点。若虫：形似成虫，无翅，初孵化时黑色；前胸背板两侧有黑色斑纹；腹部棕黄色，各节均有黑色斑纹和小红点，背面中央有3条长方形黑色斑纹。卵：椭圆形，直径0.8毫米，淡黄绿色，常20~30粒排列在一起。

发生规律 山东1年发生1代，以2龄若虫在树干及主侧枝的翘皮下、裂缝中越冬。翌春果树发芽时开始活动危害。6月上中旬羽化为成虫，危害枝条和果实。成虫寿命3~4个月，8月下旬至9月上旬产卵。卵成堆产在枝干粗皮裂缝间和枝干分杈处。卵期10天左右。若虫寻觅适当场所越冬。

防治方法

农业防治 冬春季刮除树干和主枝上的老翘皮，消灭越冬若虫；成虫产卵期，在果园巡回检查，发现卵块及时除去。

化学防治 春季果树发芽期是越冬若虫出蛰期，也是喷药防治的最佳期。要及时喷洒48%毒死蜱乳油或20%氰戊菊酯乳油2000倍液，50%杀螟硫磷乳油1000倍液、25%灭幼脲悬浮剂1500~2000倍液等。

03 梨小食心虫（图2-3-1至图2-3-5）

属鳞翅目卷蛾科。又名梨小蛀果蛾、桃折梢虫，简称梨小。

分布与寄主

分布 全国各产区。

寄主 梨、山楂、苹果、桃、李、杏、樱桃、枇杷等果树。

危害特点 幼虫食害芽、蕾、花、叶和果实。幼虫吐丝将叶片缀成饺子状，在其中取食叶肉，残留灰白色表皮。果实受害，初期果面现一黑点，孔外排出较细虫粪，蛀孔四周变黑腐烂，形成黑疤，虫粪脱落，疤上仅有1小孔，果内有大量虫粪形成豆沙馅。新梢受害，梢端枯死易折断。

形态诊断 成虫：体长6~7毫米，翅展13~14毫米，体翅灰褐色；前翅前缘有8~10条白色斜纹，外缘有10个小黑点，翅中央有1小白点。卵：扁椭圆形，长约2.8毫米，初乳白渐变为淡黄色。幼虫：低龄幼虫体白色；老熟幼虫体长10~14毫米，头褐色，体淡黄白或粉红色。蛹：纺锤形，长约7毫米，黄褐色；蛹外包有丝质白色薄茧。

发生规律 北方1年发生3~4代，南方发生6~7代。均以老熟幼虫在干、枝粗皮缝隙内、落叶或土中结茧越冬。华北、山东、陕西等地，越冬代成虫4月下旬至6月中旬发生，以后世代重叠严重。第一代成虫5月下旬至7月上旬发生。各虫态历期：卵期5~10天，幼虫期25~30天，蛹期7~10天。成虫于傍晚活动，对糖醋液和烂果有趋性，产卵于嫩叶背面或果实胴部，幼虫孵化后从新梢项端蛀入向下蛀食致嫩梢枯萎，或蛀入果核周围串食，致被害果脱落，幼虫老熟后向果外咬一个虫孔脱果，爬至枝干粗皮处或果实基部结茧化蛹。第一、二代主要危害山楂、桃、李、杏的新梢，三、四代危害山楂、桃、苹果、梨的果实。在核果类和仁果类混栽或毗邻果园，虫害发生重。天敌有赤眼蜂、小茧蜂、白僵菌等。

防治方法

农业防治　冬春季刮除树干和主枝上的翘皮，清除园内枯枝落叶，集中烧掉或深埋。果树生长前期，及时剪除被害、刚萎蔫新梢。被害梢枯干时，其中的幼虫已转移。及时拾取落地果实深埋。

物理防治　用红糖、蜂蜜、水按1：1：15的比例，加入1%其他杀虫剂，配成诱杀液，装入盆碗或瓶内，挂在树上诱杀成虫。成虫发生期，在每株树上挂1个梨小食心虫性外激素诱芯，干扰雌雄成虫交尾产卵。

化学防治　关键时期是各代卵孵化前后。可喷洒50%杀螟硫磷乳油或90%晶体敌百虫1000倍液；48%哒嗪硫磷乳油2000倍液；2.5%溴氰菊酯乳油或10%氯氰菊酯乳油2500倍液、25%灭幼脲悬浮剂1500倍液等。

04 杏虎象（图2-4-1）

属鞘翅目卷象科。又名杏象甲、桃象甲。

分布与寄主

分布　全国各樱桃产区。

寄主　樱桃、杏、桃、李、枇杷、苹果等果树。

危害特点　成虫食芽、嫩枝、花、果实，产卵时先咬伤果柄造成果实脱落；幼虫蛀食幼果，果面上蛀孔累累，流胶，轻者品质降低，重者果实腐烂并落果；幼虫蛀入果内危害，导致果实干腐脱落。

形态诊断　成虫：体长6~8毫米，宽3~4毫米，体椭圆形，紫红色具光泽，有绿色反光；触角11节棒状；头长等于或略短于基部宽；鞘翅略呈长方形，两侧平行，端部缩圆或下弯；后翅半透明灰褐色。卵：长1毫米左右，椭圆形，乳白色。幼虫：乳白色微弯曲，长10毫米，体表具横皱纹；头部淡褐色，前胸盾与气门淡黄褐色。蛹：裸蛹，长6毫米，椭圆形，密生细毛。

发生规律　1年发生1代。主要以成虫在土中、树皮缝、杂草内越冬，少数以幼虫越冬。翌年樱桃花开时成虫出现，成虫危害期长达150天，产卵历期90天，3~6月是主要危害期。成虫怕光，有假死性。产卵时在果面咬一小孔，产卵孔中，上覆黑色胶状物。卵期7~8天，幼虫孵化后即蛀入果内危害，一果内最多可达数十头。幼虫期20余天，老熟后脱果入土，多于10~25厘米土层中结薄茧化蛹。蛹期30余天，羽化早的当年秋天出土活动，秋末潜入树皮缝、土壤、杂草中越冬，多数成虫羽化后不出土，于茧内越冬。春旱时成虫出土少并推迟，雨后常集中出土，温暖向阳地出土早。

防治方法

农业防治　成虫出土期清晨震树，下接布单捕杀成虫，每5~7天进行一次；果期及时捡拾落果，集中处理消灭其中幼虫。

化学防治　成虫发生期树上喷洒90%晶体敌百虫600~800倍液或50%辛硫磷乳油1000倍液、5%顺式氰戊菊酯乳油2000~4000倍液、10%氯菊酯乳油1000~1500倍液。10~15天1次，连喷2~3次。或在成虫出土盛期地面喷洒25%辛硫磷胶囊剂800倍液毒杀出土成虫。

05　李小食心虫（图2-5-1至图2-5-3）

属鳞翅目卷蛾科。又名李小蠹蛾。

分布与寄主

分布　长江以北产区。

寄主　李、山楂、樱桃、桃、杏等果树。

危害特点　幼虫蛀果危害，蛀果前在果面吐丝结网，于网下蛀入果内果核附近，取食近核处果肉，果孔处流出泪珠状果胶，受害果内有大量虫粪，粪中无蛹壳。幼果被蛀多脱落，成长果被蛀部分脱落，对产量与品质影响极大。

形态诊断　成虫：体长4.5~7毫米，翅展11~14毫米，体背灰褐色，腹面灰白灰；前翅狭长烟灰色，翅面密布小白点，在近顶角和外缘，白点排成较整齐的横纹，缘毛灰褐色；后翅淡烟灰色，缘毛灰白色。卵：扁平圆形，长0.6~0.7毫米，淡黄色。幼虫：体长12毫米左右，桃红色，腹面色淡；头、前胸盾黄褐色，臀板淡黄褐或桃红色。蛹：长6~7毫米，暗褐色。茧：长10毫米，纺锤形，污白色。

发生规律　1年发生1~4代，多数地区2~3代。均以老熟幼虫在树干周围土中、杂草等植被下及树皮裂缝中结茧越冬。各地成虫发生期：辽西越冬代5月中旬，第一代6月中下旬，第二代7月中下旬；山西忻州越冬代4月上旬至5月上旬，第一代5月下旬至6月下旬，第二代6月中旬至8月上旬，第三代7月下旬至8月下旬。成虫昼伏夜出，有趋光和趋化性。卵散产于果面上，卵期4~7天。孵化后即蛀果，果核未硬直入果心，被害果极易脱落，部分幼虫蛀果2~3天即转果，约经15天老熟脱果，于树皮缝、表土内结茧化蛹。第二代幼虫蛀食果肉至蛀孔流胶，被害果多不脱落，幼虫危害20余天老熟脱果，部分结茧越冬，发生3代者继续化蛹。第3~4代幼虫多从果梗基部蛀入，被害果多早熟脱落，末代幼虫老熟后脱果结茧越冬。天敌有食心虫白茧蜂等4种。

防治方法

物理防治　成虫发生期利用黑光灯、糖醋液诱杀成虫。

生物防治　利用天敌防治害虫。

落花后越冬代成虫羽化出土前防治　①于树盘压土6~10厘米拍实，使成虫不能出土，待成虫羽化完毕及时撤土防止果树翻根。②在树冠下以干周半径1米范围内地面撒药，毒杀羽化成虫，可喷洒50%辛硫磷乳油1000倍液，20%氰戊菊酯乳油或2.5%溴氰菊酯乳油2000倍液等。

卵孵化盛期至低龄幼虫期药剂防治　喷洒25%除虫脲悬浮剂或50%杀螟硫磷乳油、25%灭幼脲乳油1000倍液、5.7%氟氯氰菊酯乳油3000倍液等。

06　枯叶夜蛾（图2-6-1至图2-6-3）

属鳞翅目夜蛾科。又名通草木夜蛾。

分布与寄主

分布　全国各产区。

寄主　桃、柿、杏、苹果、柑橘、通草、樱桃等植物。

危害特点　成虫刺吸果汁，幼虫吐丝缀叶潜伏危害。

形态诊断　成虫：体长35~38毫米，翅展96~106毫米，头胸部棕褐色，腹部杏黄色，触角丝状；前翅似枯叶，从顶角至后缘内凹处有一黑褐色斜线，翅脉上有许多黑褐小点，翅基部及中央有暗绿色圆纹；后翅杏黄色，中部有1肾形黑斑，亚端区有1牛角形黑纹。卵：扁球形，直径1毫米左右，乳白色。幼虫：体长57~71毫米，头部红褐色，体黄褐色或灰褐色；第一、二腹节常弯曲，第八腹节隆起，将七至十腹节连成山峰状；第二、三腹节亚背面各有1眼形斑，中黑并具月牙形白纹，各体节布有许多不规则白纹。蛹：长31~32毫米，红褐至黑褐色。

发生规律　1年发生2~3代，多以成虫越冬，温暖地区有以卵和中龄幼虫越冬的，发生期重叠。成虫多在7~8月危害，昼伏夜出，有趋光性，喜食香甜味浓的果实，7月前危害桃、杏等早中熟果实，后转危害柿、苹果、梨、葡萄等。成虫寿命较长，卵产于叶背；幼虫吐丝缀叶潜伏危害，老熟后缀叶结薄茧化蛹。

防治方法

农业防治　果实套袋防虫；在果园四周挂有香味的烂果诱集，晚22：00后去捕杀成虫。

物理防治　设置高压汞灯，诱杀成虫。

化学防治　①防治成虫。用果醋或酒糟液加红糖适量配成糖醋液加0.1%晶体敌百虫几滴诱杀成虫；或用早熟的去皮果实扎孔浸泡在50倍敌百虫液中，一天后取出晾干，再放入蜂蜜水中浸泡半天，晚上挂在果园里诱杀取食成虫。②防治幼虫。在卵孵化盛期或低龄幼虫期喷洒5%顺式氰戊菊酯乳油或20%甲氰菊酯乳油2000倍液、50%杀螟硫磷乳油1000倍液、25%灭幼脲乳油1200倍液等。

07 白小食心虫（图2-7-1至图2-7-4）

属鳞翅目卷蛾科。又名苹果白蛀蛾、苹白小卷蛾等，简称"白小"。

分布与寄主

分布　全国各产区。

寄主　樱桃、山楂、苹果、梨、桃、李、杏等果树。

危害特点　低龄幼虫咬食幼芽、嫩叶，并吐丝把叶片缀连成卷，在卷叶内危害；后期幼虫则从萼洼或梗洼处蛀入果心危害，蛀孔外堆积虫粪，粪中常有蛹壳，用丝连结不易脱落。

形态诊断　成虫：体长6.5毫米，翅展约15毫米，体灰白色；头胸部暗褐色，前翅中部灰白色、端部灰褐色。前缘近顶角处有4或5条黑色棒纹，后缘近臀角处有一暗紫色斑。卵：扁椭圆形，初白色渐变为暗紫色。幼虫：体长10~12毫米，体红褐色，头浅褐色，前胸盾、臀板、胸足黑褐色。蛹：长8毫米，黄褐色。

发生规律　辽宁、山东、河北1年发生2代，以低龄幼虫在干、枝粗皮缝内结茧越冬。翌年果树萌动后，幼虫取食嫩芽、幼叶，吐丝缀叶成卷，居中危害，幼虫老熟后在卷叶内结茧化蛹，越冬代成虫于6月上旬至7月中旬羽化，早期成虫产卵在桃和樱桃叶背，后期卵产在山楂、苹果等果实上。幼虫孵化后多自萼洼或梗洼处蛀入。老熟后在被害处化蛹、羽化。第一代成虫于7月中旬至9月中旬发生，仍产卵果实上，幼虫危害一段时间脱果潜伏越冬。

防治方法

农业防治　①休眠期防治。冬春季用硬刷子刮除老树皮、翘皮，集中烧毁或深埋。②剪虫梢。春夏季及时剪除果树被蛀梢端萎蔫而未变枯的树梢及时处理。③树干束草诱杀幼虫。幼虫脱果越冬前树干束草诱集幼虫越冬，于来春出蛰前取下束草烧毁。

化学防治　在卵临近孵化时，喷洒2.5%溴氰菊酯乳油或20%氰戊菊酯乳油3000倍液；10%氯氰菊酯乳油或20%中西除虫菊酯乳油2000倍液；50%辛硫磷乳油1000倍液或20%氟啶脲可湿性粉剂2000~2500倍液、5%氟苯脲乳油1500~2000倍液、14%马·联苯乳油2000倍液等。

08 樱桃瘿瘤头蚜（图2-8-1至图2-8-7）

属同翅目蚜科。

分布与寄主

分布　北京、河北、山东、河南、陕西、浙江等地。在陕西南部发生较重，受害株率达100%，被害叶率达70%。

寄主　樱桃。

危害特点　受害叶片端部或侧缘形成花生壳状绿色稍带红色的伪虫瘿。蚜虫在虫瘿内危害、繁殖。被害叶背面凹陷，叶面突起呈泡状。虫瘿长2~4厘米，宽0.5~0.7厘米，初呈黄绿色微现红色，后变为枯黄色、干枯。

形态诊断　成虫：有翅胎生雌蚜体长1.4毫米，宽0.97毫米；头部黑色，胸、腹部背面骨化、色深；体表粗糙，有颗粒构成的网纹；腹管圆筒形。无翅胎生雌蚜头、胸部黑色，腹部色淡。若虫：体形和颜色与无翅胎生雌蚜相似，只是身体短小。

发生规律　1年发生多代，以卵在樱桃树一年生枝条上越冬。春季樱桃花芽膨大期，越冬卵孵化为干母。干母在幼叶尖部侧缘背面危害，形成伪虫瘿，并在瘿内危害、繁殖。4月下旬产生有翅蚜并迁飞至夏寄主上侨居危害，10月间迁回樱桃树上产生有性蚜交配，在枝条上产卵越冬。

防治方法

化学防治　①休眠期防治。樱桃树发芽前，全树喷洒99%绿颖乳油（机油乳剂）100倍液、40%哒嗪硫磷乳油1500~2000倍液等，杀灭越冬卵效果较好。②虫瘿形成前防治。3月上中旬在越冬卵孵化后尚未形成虫瘿之前，喷洒2.5%溴氰菊酯乳油2500~3000倍液或40.7%哒嗪硫磷乳油1500~2000倍液、50%辛硫磷乳油1500倍液、2.5%噻嗪酮可湿性粉剂2000倍液、10%吡虫啉可湿性粉剂3000倍液，也可在10月下旬有性蚜出现时喷洒上述药剂。

09　山樱桃黑瘤蚜（图2-9-1，图2-9-2）

属同翅目蚜科。

分布与寄主

分布　樱桃产区。

寄主　樱桃。

危害特点　成蚜、若蚜群集在叶片背面危害，被害叶片自边缘向背面纵卷成筒状。严重时，整个枝条上的叶片全部受害。

形态诊断　成虫：无翅胎生雌蚜体呈卵圆形，体长约1.6毫米，深绿色至黑褐色；体表粗糙；腹管长筒形、尾片短圆锥形，黑色。卵：椭圆形，长约0.5毫米，黑色，有光泽。若虫：与无翅胎生雌蚜相似，有翅若蚜的胸部较发达，生长后期长出膜翅。

发生规律　以卵在树枝干上越冬。春季果树发芽时孵化为若虫，群集在嫩芽和叶片上吸食汁液。被害树先是嫩叶受害，逐渐向成叶上蔓延，新梢生长受到抑制。5~6月蚜虫发生量较大，樱桃树受害严重。6月下旬以后，产生有翅胎生雌蚜，迁飞到夏寄主上危害。此时，被害卷叶内已见不到蚜虫。到了秋季，蚜虫又产生有翅蚜飞回果园，雌雄成虫交尾，产卵越冬。

防治方法

农业防治 在樱桃树受害初期，及时摘除被害的嫩叶，能减少蚜虫向其他叶片蔓延。

化学防治 ①休眠期防治，冬春季树体上喷洒50%丙硫磷乳油1000倍液或99%绿颖乳油（机油乳剂）100倍液杀越冬卵效果好，且对天敌安全。②生长期防治，春季越冬卵孵化后未卷叶前，及时喷洒50%辟蚜雾（抗蚜威）可湿性粉剂2000倍液或10%吡虫啉（一遍净）可湿性粉剂3000倍液、50%马拉硫磷乳油1000倍液等。花后至初夏，根据虫情可再喷药1~2次。

10 桃蚜（图2-10-1至图2-10-3）

属同翅目蚜科。又名烟蚜、菜蚜。

分布与寄主

分布 全国各产区。

寄主 樱桃、桃、杏、李等果树。

危害特点 成虫、若虫群集芽、叶、嫩梢上刺吸汁液，被害叶向背面不规则的卷曲皱缩，排泄物易诱发煤污病发生或传播病毒病。

形态诊断 有翅胎生雌蚜体长1.6~2.1毫米，翅展6.6毫米，头胸部、腹管、尾片均黑色，腹部淡绿、黄绿、红至褐色变异较大；腹管细长圆筒形。无翅胎生雌蚜体长1.4~2.6毫米，宽1.1毫米，绿、黄绿、淡粉红至红褐色。卵：长椭圆形，长0.7毫米，初淡绿色后变黑色。若蚜：似无翅胎生雌蚜，淡粉红色，体较小；有翅若蚜胸部发达，具翅芽。

发生规律 北方1年发生20~30代，南方1年发生30~40代。北方以卵于樱桃、桃、李、杏等越冬寄主的芽旁、裂缝、小枝杈等处越冬。春季寄主萌芽时，越冬卵开始孵化，新孵化的蚜虫群集芽、叶背、嫩梢上危害、繁殖；5月上旬繁殖最快，危害最盛，并陆续产生有翅胎生雌蚜飞往果树、烟草、棉花、十字花科植物等夏寄主上危害繁殖；5月中旬以后樱桃、桃、苹果、梨等越冬寄主上基本绝迹；10月产生有翅蚜迁回越冬寄主上，并产生有性蚜，交配后产卵越冬。在南方桃蚜冬季也可行孤雌生殖。天敌有瓢虫、草蛉、食蚜蝇、蚜茧蜂、寄生蜂等。

防治方法

农业防治 冬春季修剪时剪除被害枝梢，集中烧毁；在樱桃树行间或果园附近，不宜种植烟草、白菜等农作物，及时清除樱桃园内外杂草，以减少蚜虫的夏季繁殖场所。

生物防治　保护利用天敌。尽量少喷洒广谱性农药，避免在天敌多的时期喷洒农药，利用天敌控制蚜虫的发生。

化学防治　①果树休眠期，树体上喷洒50%丙硫磷乳油1000倍液或99%绿颖乳油（机油乳剂）100倍液杀越冬卵效果好，且对天敌安全。②春季越冬卵孵化后，果树未开花和卷叶前，及时喷洒50%辟蚜雾（抗蚜威）可湿性粉剂2000倍液或10%吡虫啉（一遍净）可湿性粉剂3000倍液、50%马拉硫磷乳剂1000倍液等。③花后至初夏，根据虫情可再喷药1~2次。

⑪　杏星毛虫（图2-11-1至图2-11-4）

属鳞翅目斑蛾科。又名桃斑蛾，红褐星毛虫、梅黑透羽、杏叶斑蛾。

分布与寄主

分布　长江以北产区。

寄主　杏、山楂、桃、樱桃、李、梨、柿等果树。

危害特点　幼虫食芽、花、叶，早春蛀萌动的芽致枯死。寄主发芽后危害花、嫩芽和叶，食叶成缺刻和孔洞，重则吃光叶片。

形态诊断　成虫：体长7~10毫米，翅展21~23毫米，体黑褐色具蓝色光泽；翅半透明，布黑色鳞毛；雄虫触角羽毛状，雌虫短锯齿状。卵：椭圆形，长0.7毫米，初白色渐至黄褐色。幼虫：体长13~16毫米，近纺锤形，背暗赤褐色，腹面紫红色；头小黑褐色，大部分缩于前胸内，取食或活动时伸出；腹部各节具横列毛瘤6个，中间4个大，毛瘤中间生很多褐色短毛，周生黄白长毛。蛹：椭圆形，淡黄至黑褐色。茧：椭圆形，丝质稍薄淡黄色，外常附泥土、虫粪等。

发生规律　1年发生1代，以初龄幼虫在树皮缝、枝叉及贴枝叶下结茧越冬。寄主萌动时开始出蛰活动，先蛀芽，后危害蕾、花及嫩叶。3龄后白天下树，潜伏到树干基部附近的土、石块及枯草落叶下、树皮缝中，19：00后又上树取食叶片，拂晓又下树隐蔽。老熟幼虫于5月中旬开始在树干周围的各种植被下、皮缝中结茧化蛹，6月上旬成虫羽化交配产卵，多产在树冠中下部老叶背面，块生，每块有卵70~80粒；卵期10~11天。第一代幼虫于6月中旬始见，啃食叶片表皮或叶肉，被害叶呈纱网状斑痕，幼虫受惊扰吐丝下垂，于7月上旬结茧越冬。天敌有金光小寄蝇、常怯寄蝇、梨星毛虫黑卵蜂、潜蛾姬小蜂等。

防治方法

农业防治　果树休眠期彻底刮除树体粗皮、翘皮、剪锯口周围死皮，消灭越冬幼虫。幼虫发生期在树干基部铺瓦片、碎砖等诱集幼虫，集中杀灭。

生物防治　利用保护天敌。

化学防治　①于落叶后，用50%马拉硫磷乳油200倍液封闭剪锯口和树皮裂缝，可消灭大部分越冬幼虫。②幼虫危害期地面喷药，利用该虫白天下树潜伏的习性，在树干周围喷洒48%毒死蜱乳油500倍液或50%丙硫磷乳油800倍液。③树上喷药，卵孵化前后和低龄幼虫期喷洒50%马拉硫磷乳油或40%辛硫磷乳油1000倍液；2%氟丙菊酯乳油1000~2000倍液、20%氰戊菊酯乳油1500~2000倍液等。

⑫ 山楂绢粉蝶（图2-12-1至图2-12-3）

属鳞翅目粉蝶科。又名山楂粉蝶、苹果粉蝶、苹果白蝶、梅白粉蝶、树粉蝶。

分布与寄主

分布　全国各产区。

寄主：山楂、苹果、梨、李、杏、樱桃、桃等果树。

危害特点　幼虫危害芽、叶和花蕾，初孵幼虫群居于树冠上，吐丝结网成巢，日间潜伏于巢内，夜晚危害；随虫龄增大，分散危害，严重时将树叶吃光。

形态诊断　成虫：体长22~25毫米，翅展64~76毫米，体黑色，头胸及足被淡黄白色至灰白鳞毛，触角棒状；翅白色，翅脉黑色，前翅外缘各脉末端都有1个三角形黑斑；雌腹部较大，雄瘦小。卵：柱形，顶端稍尖，高1~1.5毫米，直径0.5毫米左右，初产金黄渐变淡黄色。幼虫：体长38~45毫米，体上有稀疏淡黄色长毛间有黑毛，间布许多小黑点；头胸部、胸足和臀板黑色；胴部背面有3条黑色纵带，其间夹有两条黄褐色纵带，腹面紫灰色。蛹：长约25毫米，分黑色和黄色两种形态，体上布许多黑色斑点。

发生规律　1年发生1代，以低龄幼虫群集在树冠上用丝缀叶成巢并在其中越冬。寄主春季发芽时开始活动，夜伏昼动，群集危害芽、嫩叶和花器。较大幼虫离巢危害，老熟幼虫在枝干、树下杂草、砖石瓦块等处化蛹，蛹期14~23天。成虫白天活动，在株间飞舞吸食花蜜。单雌产卵200~500粒，卵多块产于嫩叶正面，卵期10~17天。低龄幼虫在叶面上群居啃食，并吐丝缀连被害叶成巢。于8月间在巢内结茧群集越冬。天敌有黑瘤姬蜂、绒茧蜂、寄蝇等。

防治方法

农业防治　①摘虫巢灭虫。冬春季彻底摘除树上不脱落的枯叶虫巢，消灭其内越冬幼虫，简单有效防虫效果好。②卵期摘叶块灭卵。

化学防治　卵孵化前后是防治的关键期，可喷洒50%马拉硫磷乳油或48%哒嗪硫磷乳油、50%杀螟硫磷乳油、25%喹硫磷乳油1000~1200倍液；2.5%三氟氯氰菊酯乳油或2.5%溴氰菊酯乳油、20%氰戊菊酯乳油3000~3500倍液；10%

联苯菊酯乳油4000倍液或52.25%蝉·氯乳油1500倍液等。

13 杏白带麦蛾（图2-13-1，图2-13-2）

属鳞翅目麦蛾科。又名环纹贴叶蛾、环纹贴叶麦蛾。

分布与寄主

分布　黄淮产区。

寄主　樱桃、桃、杏、李、苹果等果树。

危害特点　以幼虫吐白丝卷叶或黏缀两叶，幼虫潜伏其内食害叶肉，形成不规则斑痕，残留表皮和叶脉，日久变褐干枯。

形态诊断　成虫：体长7~8毫米，灰色，头胸背面银灰色；触角丝状，呈黑白相间环节状；前翅狭长披针形灰黑色，后缘从翅基至端部纵贯银白色带1条，栖息时体背形成1条银白色3珠状纵带。后翅灰白色。幼虫：体长6~7毫米，头黄褐色；中胸至腹末各体节前半部淡紫红至暗红色，后半部浅黄白色，全体形似红、白环纹状。蛹：长4毫米，纺锤形。茧：长6~7毫米，长椭圆形，灰白色。

发生规律　1年发生3代。于10月中下旬以幼虫在枝干皮缝中结茧化蛹越冬。翌年4月下旬至5月中旬羽化。成虫活泼，多在夜间活动，卵多产在叶上。5月中下旬第一代幼虫出现，幼虫活泼爬行迅速，触动时迅速退缩，吐丝下垂，6月下旬陆续老熟在受害叶内结茧化蛹。

防治方法

农业防治　冬春刮树皮，集中处理消灭越冬蛹。

化学防治　幼虫危害期喷洒90%晶体敌百虫或50%杀螟硫磷乳油、50%辛硫磷乳油、48%哒嗪硫磷乳油1000倍液；10%联苯菊酯乳油4000倍液或52.25%蝉·氯乳油1500倍液等。

14 黄褐天幕毛虫（图2-14-1至图2-14-8）

属鳞翅目枯叶蛾科。又名梅毛虫、天幕枯叶蛾、天幕毛虫、带枯叶蛾。

分布与寄主

分布　全国各产区。

寄主　苹果、山楂、樱桃、桃、杏、梨、梅等果树。

危害特点　刚孵化幼虫群集于一枝，吐丝结成网幕，食害嫩芽、叶片，随生长渐下移至粗枝上结网巢，白天群栖巢上，夜出取食，严重时将全树叶片吃光。

形态诊断　成虫：雌体长18~22毫米，翅展37~43毫米，黄褐色；触角栉齿状；前翅中部有一条赤褐色宽横带，其两侧有淡黄色细线；雄体略小，触角双栉齿状，前翅中部有2条深褐色横线，两线间色稍深。卵：圆筒形，灰白色，200~300粒卵环结于小枝上黏结成一圈呈"顶针"状。幼虫：体长50~55毫米，头蓝色，有两个黑斑，体上有十多条黄、蓝、白、黑相间的条纹。蛹：椭圆形，体上有淡褐色短毛。茧：黄白色，表面附有灰黄粉。

发生规律 1年发生1代，以幼虫在卵壳中越冬，翌年树芽膨大，日均温达11℃时幼虫钻出，先在卵附近的芽及嫩叶上危害，后转到枝杈上吐丝结网成天幕，于夜间出来取食。4龄后分散全树，暴食叶片。幼虫期45天左右，成虫有趋光性。成虫产卵于小枝上。天敌主要有赤眼蜂、姬蜂、绒茧蜂等。

防治方法

农业防治 冬春季彻底剪除枝梢上越冬卵块。幼虫发生期发现幼虫群集天幕及时消灭。

生物防治 为保护卵寄生蜂，将卵块放天敌保护器中，使卵寄生蜂羽化飞回果园。

化学防治 幼虫初孵期施药是关键，可喷洒52.25%蜱·氯乳油2000倍液；50%杀螟硫磷乳油或50%马拉硫磷乳油1000倍液；2.5%氯氟氰菊酯乳油或2.5%溴氰菊酯乳油3000倍液，10%联苯菊酯乳油4000倍液等。

⑮ 春尺蠖（图2-15-1至图2-15-4）

属鳞翅目尺蠖科。又名沙枣尺蠖、桑尺蠖、榆尺蠖、柳尺蠖等。

分布与寄主

分布 北方产区。

寄主 樱桃、杏、李、枣、核桃、苹果等果树。

危害特点 幼虫食害芽、叶，为暴食性害虫，严重时把芽、叶吃光。

形态诊断 成虫：雌蛾体长9~16毫米，灰褐色，无翅；雄蛾体长10~14毫米，翅展29~39毫米；雌雄蛾腹部各节背面均具棕黑色横行刺列。卵：椭圆形，黑紫色。幼虫：体长约35毫米，体色呈黄绿色至墨绿色。蛹：长8~18毫米，棕褐色。

发生规律 1年发生1代，以蛹在土中越冬。新疆于翌年2月下旬至4月中旬羽化，3月中下旬进入产卵高峰期，3月下旬至5月中旬进入幼虫期，4月中下旬是该虫暴食期，4月下旬幼虫入土化蛹，5月10日进入化蛹盛期。盐碱地果园受害重。天敌有麻雀等鸟类。

防治方法

农业防治 ①加强果园管理，及时翻耕树干四周的土壤，杀灭在土中越夏或越冬的蛹。②阻杀成虫。利用成虫羽化出土后沿树干上爬产卵的习性，将作物秸秆切成30~40厘米长，捆扎在树干四周厚5~8厘米，诱集成虫钻入产卵，每日打开捕杀成虫，并在卵尚未孵化前把草束集中烧掉。也可用废报纸绕树干围成倒喇叭口状，把成虫阻于内，每天早晨捕杀1次。

化学防治　在卵孵化前后及时喷洒90%晶体敌百虫800倍液，40%辛硫磷乳油或10%醚菊酯悬浮剂1000倍液、10%氯菊酯乳油1500倍液、48%哒嗪硫磷乳油1200倍液等。

⑯ 绿尾大蚕蛾（图2-16-1至图2-16-11）

属鳞翅目大蚕蛾科。又名燕尾水青蛾、水青蛾、长尾月蛾、绿翅天蚕蛾。

分布与寄主

分布　除新疆、西藏、甘肃等地未见报道外，其他各樱桃产区均有分布。

寄主　石榴、核桃、枣、苹果、梨、葡萄、沙果、海棠、栗、樱桃以及柳、枫、杨、木槿、乌桕等。

危害特点　幼虫食叶，低龄幼虫食叶成缺刻或空洞，稍大吃光全叶仅留叶柄。由于虫体大、食量大，发生严重时，可吃光全树叶片。

形态诊断　成虫：雄成虫体长35~40毫米，翅展100~110毫米；雌成虫体长40~45毫米，翅展120~130毫米。体粗大，体被浓厚白色绒毛呈白色；体腹面色浅近褐色。头部、胸部、肩板基部前缘有暗紫色横切带。触角黄色羽状。复眼大，球形黑色。雌翅粉绿色，雄翅色较浅，泛米黄色，基部有白色绒毛；前翅前缘具白、紫、棕黑三色组成的纵带一条，与胸部紫色横带相接，混杂有白色鳞毛；翅的外缘黄褐色；前后翅中室末端各具椭圆形眼斑1个，斑中部有一透明横带，从斑内侧向透明带依次由黑、白、红、黄四色构成；翅脉较明显，灰黄色。后翅臀角长尾状突出，长40毫米左右。足紫红色。卵：球形稍扁，直径约2毫米。灰白色，上有胶状物将卵黏成堆，近孵化时紫褐色。每堆有卵少者几粒，多者二三十粒。幼虫：1~2龄幼虫黑色，第二、三胸节及第五、六腹节橘黄色。3龄幼虫全体橘黄色。4龄开始渐变嫩绿色。老熟幼虫体长80~110毫米，头部绿褐色，头较小，宽约8毫米；体绿色粗壮，近结茧化蛹时体变为茶褐色。体节近6角形，着生肉状突毛瘤，前胸5个，中、后胸各8个，腹部每节6个，毛瘤上具白色刚毛和褐色短刺；中、后胸及第八腹节背毛瘤大，顶黄基黑，其他处毛瘤端部红色基部棕黑色。气门线以下至腹面浓绿色，腹面黑色。胸足褐色，腹足棕褐色。茧：灰白色，丝质粗糙；长卵圆形，长径50~55毫米，短径25~30毫米，茧外常有寄主叶裹着。蛹：长45~50毫米，紫褐色，额区有1个浅黄色三角斑。

发生规律　在辽宁、河北、河南、山东等北方果产区1年发生2代，在江西南昌可发生3代，在广东、广西、云南发生4代，在树上作茧化蛹越冬。北方果产区越冬蛹4月中旬至5月上旬羽化并产卵，卵历期10~15天。第一代幼虫5月上中旬孵化；幼虫共5龄，历期36~44天；老熟幼虫6月上旬开始化蛹，中旬达盛期，蛹历期15~20天。第一代成虫6月下旬至7月初羽化产卵，卵历期8~9天。第二代幼虫7月上旬孵化，至9月底老熟幼虫结茧化蛹，越冬蛹期6个月。成虫昼伏夜出，有趋光性，一般中午前后至傍晚羽化，羽化前分泌棕色液体溶解茧丝，然后从上端钻出，当天20：00~21：00至翌日21：00~31：00交尾，交尾历时2~3小时。翌日夜晚开始产卵，产卵历期6~9天。单雌产卵260粒左右。雄成虫寿命平均6~7天，雌成虫10~12天，虫体大、笨拙，但飞翔力强。1、2龄幼虫有集群性，较活跃；3龄以后逐渐分散，食量增大，行动迟钝。幼虫老熟后贴枝吐丝缀结多片叶在其内结茧化蛹。第一代茧多数在树枝上结茧，少数在树干下部；而越冬茧基本在树干下部分叉处。天敌有赤眼蜂等，主寄生卵。

防治方法

人工防治　冬春季清除果园枯枝落叶和杂草，摘除越冬虫茧销毁；生长季节人工捕杀幼虫、设置黑光灯诱杀成虫。

生物防治　保护利用天敌，赤眼蜂在室内对卵的寄生率达84%~88%。

化学防治　幼虫3龄前喷药防治效果最佳，4龄后由于虫体增大用药效果差。常用杀虫剂有50%二嗪磷乳油1500倍液、50%辛硫磷乳油2000倍液、25%除虫脲胶悬剂1000倍液或菊酯类杀虫剂等。

17 苹果大卷叶蛾（图2-17-1至图2-17-3）

属鳞翅目卷蛾科。又名黄色卷蛾。

分布与寄主

分布　长江以北产区。

寄主　樱桃、桃、杏、李、苹果、梨等果树。

危害特点　以幼虫危害嫩芽、花蕾、叶片和果实。幼虫卷叶危害，将叶片吃成孔洞和缺刻。

形态诊断　成虫：体长11~13毫米，雄虫翅展19~24毫米，雌虫翅展23~34毫米；翅黄褐色或暗黄色，前翅近基部1/4处和中部自前缘向后缘有2条浓褐色斜宽带；雄虫前翅基部有前缘褶，翅基部1/3处靠后缘有1黑色小圆点。卵：椭圆形，黄绿色。幼虫：体长23~25毫米，深绿色稍带灰白色，头和前胸背板黄褐色，前胸背板后缘黑褐色，体背毛瘤较大，刚毛细长，臀栉5根。蛹：长10~13毫米，红褐色。

发生规律　1年发生2代，以幼龄幼虫结白色薄茧在树干翘皮下和剪、锯口等处越冬。翌春果树花芽开绽时，幼虫出蛰危害嫩叶，稍大后卷叶危害。老熟幼虫在卷叶内化蛹，6月上中旬越冬代成虫发生。成虫昼伏夜出，趋光性和趋化性不强。成虫产卵于叶上，数十粒排列成鱼鳞状卵块，卵期5~8天。低龄幼虫多在叶背啃食叶肉，稍大后卷叶危害，有吐丝下垂的习性。6月下旬至7月上旬第一代幼虫发生，8月上中旬第一代成虫发生，8月下旬第二代幼虫发生，危害一段时间后结茧越冬。天敌有赤眼蜂、甲腹茧蜂等。

防治方法

农业防治　冬春季彻底刮除树体粗皮、翘皮、剪锯口周围死皮，消灭越冬幼虫。生长季节及时摘除卷叶。

生物防治　幼虫发生期，隔株或隔行释放赤眼蜂，每代放蜂3~4次，间隔5天，每株放有效蜂1000~2000头。

化学防治　越冬幼虫出蛰盛期及第一代卵孵化盛期是施药的关键期，可喷洒48%哒嗪硫磷乳油或50%杀螟硫磷乳油、50%马拉硫磷乳油1000倍液、20%氰戊菊酯乳油3000倍液、5%氯氰菊酯乳油3000倍液等。

⑱ 棉褐带卷蛾（图2-18-1至图2-18-4）

属鳞翅目卷蛾科。又名苹果小卷蛾、苹果小卷叶蛾、苹卷蛾、棉卷蛾。

分布与寄主

分布：全国除西藏未见报道外，其他各产区均有分布。

寄主：苹果、山楂、桃、杏、李、樱桃、梨等果树和林木。

危害特点　幼虫吐丝将2~3片叶连缀一起，并在其中危害，将叶片吃成缺刻或网状；被害果表面呈现形状不规则的小坑洼，尤其果、叶相贴时，受害较多。

形态诊断　成虫：体长6~8毫米，翅展13~23毫米，淡棕色或黄褐色；前翅自前缘向后缘有2条深褐色斜纹；后翅淡灰色；雄虫较雌虫体小，体色较淡，前翅基部有前缘褶。卵：椭圆形，淡黄色。幼虫：体长13~15毫米，头和前胸背板淡黄色，老龄幼虫翠绿色。蛹：长9~11毫米，黄褐色。

发生规律　1年发生3~4代，以2龄幼虫结白色薄茧在剪锯口、树皮裂缝、翘皮下越冬。翌年果树发芽后出蛰，取食嫩芽、幼叶，稍大吐丝缀叶，潜伏其中危害，幼虫极活泼，遇惊扰急剧扭动身体吐丝下垂。成虫发生盛期在6月中旬，昼伏夜出，有较强的趋化性和微弱的趋光性，对糖醋液或果醋趋性甚烈。卵产于叶面或果面较光滑处，数十粒排列成鱼鳞状卵块，卵期7天左右。第一代幼虫发生期在7月中下旬，第二代幼虫发生期在8月下旬至9月上旬，第三代幼虫于9月上旬至10月上旬危害一段时间后越冬。天敌有赤眼蜂等。

防治方法

农业防治　冬春季刮除树干上剪锯口等处的翘皮，消灭越冬幼虫。生长季节，发现卷叶后及时用手捏死其中的幼虫。

生物防治　在产卵盛期释放赤眼蜂于果园，消灭虫卵。

化学防治 ①冬春季用80%敌敌畏乳油200倍液涂抹剪、锯口，消灭越冬幼虫。②在越冬幼虫出蛰期和各代幼虫发生初期，喷洒50%辛硫磷乳油1500倍液或50%杀螟硫磷乳油1000倍液；48%毒死蜱乳油或52.25%蜱·氯乳油2000倍液、2.5%溴氰菊酯乳油3000倍液等。

19 桃剑纹夜蛾（图2-19-1至图2-19-3）

属鳞翅目夜蛾科。又名苹果剑纹夜蛾。

分布与寄主

分布 全国各产区。

寄主 苹果、桃、樱桃、杏、山楂、梨、李、核桃等果树。

危害特点 幼龄幼虫群集叶背危害，取食上表皮和叶肉，仅留下表皮和叶脉，受害叶呈网状，幼虫稍大后将叶片食成缺刻或孔洞，并啃食果皮，果面上出现不规则的坑洼。

形态诊断 成虫：体长17~22毫米，翅展40~48毫米，体表被较长的鳞毛，体、翅灰褐色；前翅有3条与翅脉平行的黑色剑状纹，基部的1条呈树枝状，端部2条平行，外缘有1列黑点；触角丝状暗褐色；后翅灰白色，翅脉淡褐色；腹面灰白色，雄腹末分叉，雌较尖。卵：半球形，直径1.2毫米，白至污白色。幼虫：老熟幼虫体长38~40毫米，头红棕色布黑色斑纹，其余部分灰色略带粉红；体背有1条橙黄色纵带，纵带两侧每节各有2个黑色毛瘤，其上着生黑褐色长毛，毛端黄白稍弯；第一腹节背面中央有1黑色柱状突起；胸足黑色，腹足俱全，暗灰褐色。蛹：长约20毫米，棕褐色有光泽。

发生规律 1年发生2代，以茧蛹在土中或树皮缝中越冬。成虫于翌年5~6月间羽化。成虫昼伏夜出，有趋光性和趋化性，产卵于叶面。5月中下旬发生第一代幼虫，危害至6月下旬，吐丝缀叶，在其中结白色薄茧化蛹，第一代成虫于7月下旬至8月下旬发生。第二代幼虫于7月下旬至8月上中旬发生，9月中旬后化蛹越冬。天敌有桥夜蛾绒茧蜂等。

防治方法

农业防治 冬春翻树盘，消灭在土中越冬的蛹。

物理防治 成虫发生期设置糖醋液盆和黑光灯，诱杀成虫。

化学防治 幼虫发生期喷洒90%晶体敌百虫1000倍液或20%杀螟硫磷乳油2000倍液、20%甲氰菊酯乳油2000倍液、2.5%溴氰菊酯乳油3000倍液等。

20 樱桃剑纹夜蛾（图2-20-1，图2-20-2）

属鳞翅目夜蛾科。又名果剑纹夜蛾。

分布与寄主

分布　全国各产区。

寄主　樱桃、苹果、山楂、杏、梨、桃、李等果树和林木。

危害特点　初龄幼虫食叶的表皮和叶肉，仅留下表皮，似纱网状；3龄后把叶吃成长圆形孔洞或缺刻，也啃食幼果果皮。

形态诊断　成虫：体长11~22毫米，翅展37~41毫米；头部和胸部暗灰色，腹部背面灰褐色；前翅灰黑色，黑色基剑纹、中剑纹、端剑纹明显；后翅淡褐色；足黄灰黑色。卵：白色透明似馒头形，直径0.8~1.2毫米。幼虫：体长25~30毫米，绿色或红褐色，头部褐色具深斑纹；背线红褐色，亚背线赤褐色，气门上线黄色，中胸、腹部第二、三、九节背部各具黑色毛瘤1对，腹部第一、四~八节各具黑色毛瘤2对，生有黑长毛。蛹：长11.2~15.5毫米，纺锤形，深红褐色。茧：长16~19毫米，纺锤形，丝质薄茧外多黏附碎叶或土粒。

发生规律　1年发生2~3代，以茧蛹在地上草丛、土中或树皮裂缝中越冬。越冬成虫于4月下旬至5月中旬羽化；第一代成虫于6月下旬至7月下旬羽化；第二代于8月上旬至9月上旬羽化。成虫昼伏夜出，具趋光性和趋化性；羽化后短时间即交配产卵，卵期4~8天。幼虫期第一代19~35天，第二代22~31天，第三代23~43天。天敌有夜蛾绒茧蜂等。

防治方法

物理防治　成虫发生期利用糖醋液或黑光灯、高压汞灯诱杀成虫。

农业防治　秋末深翻树盘消灭越冬虫蛹。

化学防治　各代卵孵化盛期喷洒50%杀螟硫磷乳油或52.25%蜱·氯乳油1500倍液、20%甲氰菊酯乳油2000倍液、2.5%溴氰菊酯乳油或20%氰戊菊酯乳油3000~3500倍液、10%联苯菊酯乳油4000~5000倍液等。

㉑　美国白蛾（图2-21-1至图2-21-12）

属鳞翅目灯蛾科。是国内外重要的检疫对象。

分布与寄主

分布　全国许多产区。

寄主　柿、桃、枣、杏、苹果、山楂、李、石榴、梨、樱桃等200多种植物。

危害特点　以幼虫群集结网，并在网内食害叶肉，残留表皮。网幕随幼虫龄期增长而扩大，长的可达1.5米以上。幼虫5龄后出网分散危害，严重时整株叶片被吃光。

形态诊断　成虫：体长12~17毫米，白色；雄虫触角双栉齿状，黑色；越冬代成虫前翅上有较多的黑色斑点，第一代成虫翅面上的斑点较少；雌虫触角锯齿状，前翅翅翅很少有斑点。卵：近球形，直径0.57毫米，灰褐色。幼虫：体长28~35毫米；头黑色具光泽，体色黄绿色至灰黑色，变化较大，背部两侧线之间有1条灰褐色宽纵带；背部毛瘤黑色，体侧毛瘤橙黄色，毛瘤上生有灰白色长毛。蛹：长8~15毫米，暗红色。

发生规律　1年发生2代，以蛹于茧内在枯枝落叶中、墙缝、表土层、树洞等处越冬。翌年5月上旬出现成虫。第一代幼虫发生期6月上旬至7月下旬，第二代幼虫发生期8月中旬至9月中旬。成虫常300~500粒成块产卵于叶片背面，单层排列，卵期约7天，幼虫孵化后短时间即吐丝结网，群集网内危害，4龄后分散危害，幼虫期35~42天；幼虫老熟后下树寻找适宜场所结薄茧化蛹越冬。

防治方法

农业防治　清除园中落叶杂草，冬春翻树盘，消灭越冬蛹。

化学防治　防治的关键时期是第一代幼虫发生期和其他各代幼虫发生初期。可喷洒50%杀螟硫磷乳油1000倍液或90%晶体敌百虫1000~1500倍液、20%氰戊菊酯乳油3000倍液、20%辛·阿维乳油1000倍液等。

22　桃天蛾（图2-22-1至图2-22-3）

属鳞翅目天蛾科。又名枣豆虫、枣桃六点天蛾。

分布与寄主

分布　全国多数产区。

寄主　枣、桃、杏、樱桃、李等果树。

危害特点　幼龄幼虫将叶片吃成孔洞或缺刻，随虫龄增大常将叶片吃掉大半甚至吃光。

形态诊断　成虫：体长36~46毫米，翅展82~120毫米。体、翅黄褐色至灰褐色；前胸背板棕黄色，腹部各节间有棕色横环；前翅有4条深褐色波状横带，后缘近后角处有1个黑斑，其前方有1个小黑点；后翅枯黄至粉红色，近臀角处有2个黑斑；前翅腹面粉红色，后翅腹面灰褐色。卵：椭圆形，长约1.6毫米，绿色有光泽。幼虫：体长80~84毫米，绿色或黄褐色；头部三角形，青绿色，每节两侧各有1条黄白色斜条纹，第八腹节背面后缘有1个很长的斜向后方的尾角。蛹：长约45毫米，黑褐色。

发生规律　在东北和华北部分地区1年发生1代，黄淮地区发生2代，以蛹在土中越冬。1代区，成虫于6月羽化，7月上旬出现幼虫，危害至9月份，老熟入土化蛹越冬。2代区，5月中旬至6月中旬羽化，第一代幼虫5月下旬至7月发生，第一代成虫7月发生。第二代幼虫7月下旬发生，危害至9月，入土化蛹越冬。成虫昼伏夜出，有趋光性。卵多产于树皮裂缝中。幼虫体大食量也大，暴食叶片。老熟幼虫多在树冠下疏松土中4~7厘米处做土室化蛹。幼虫天敌有寄生蜂等。

防治方法

农业防治　冬春深翻树盘，利用低温或鸟食消灭土中越冬蛹。幼虫发生期经常检查，发现危害及时捕捉消灭。成虫发生期设置黑光灯诱杀成虫。

化学防治　在幼虫初孵期及时喷洒48%哒嗪硫磷乳油或50%杀螟硫磷乳油、70%马拉硫磷乳油1000倍液，或20%氰戊菊酯乳油3000~3500倍液、52.25%蜱·氯乳油1500倍液等。

23 桃潜蛾（图2-23-1至图2-23-4）

属鳞翅目潜蛾科。又名桃潜叶蛾。

分布与寄主

分　布　全国各地。

寄　主　桃、樱桃、李、杏、苹果、山楂等果树。

危害特点　幼虫在叶肉里蛀食呈弯曲隧道，致叶片破碎干枯脱落。

形态诊断　成虫：体长3毫米，翅展8毫米左右，银白色，触角丝状；前翅白色，狭长，中室端部有一椭圆形黄褐色斑，外侧具黄褐色三角形端斑一个；后翅灰色缘毛长。卵：圆形，长0.5毫米，乳白色。幼虫：体长6毫米，淡绿色，头淡褐色，胸足短小，黑褐色，腹足极小。蛹：长3~4毫米，细长淡绿色。茧：长椭圆形，白色，两端具长丝，黏附叶背。

发生规律　河南1年发生7~8代，以蛹在被害叶上的茧内越冬，翌年4月桃展叶后成虫羽化。北京平谷1年生6代，以成虫越冬。成虫昼伏夜出，卵散产在叶表皮内。孵化后在叶肉里潜食，初串成弯曲似同心圆状蛀道，常枯死脱落成孔洞，后线状弯曲也多破裂，粪便充塞蛀道中。幼虫老熟后钻出，多于叶背中部吐丝结茧，于内化蛹。5月上旬始见第一代成虫。后每20~30天完成一代。发生期不整齐，10~11月以成虫或以末代幼虫于叶上结茧化蛹越冬。

防治方法

农业防治　冬春季清除园内落叶和杂草，集中处理消灭越冬蛹和成虫。

化学防治　①花前防治。樱桃树花芽膨大期，叶芽尚未开放，越冬代成虫已出蛰群集在主干或主枝上，及时喷洒90%晶体敌百虫1000倍液对压低当年虫口数量起有决定性作用。②防治一代幼虫。樱桃树春梢展叶期，喷洒20%甲氰菊酯乳油或52.25%蜱·氯乳油1500~2000倍液、25%喹硫磷乳油1500倍液，5月下旬出蛾高峰期喷洒25%灭幼脲悬浮剂1500倍液。③8月中下旬叶面喷洒25%灭幼脲悬浮剂2000倍液或5%高效氯氰菊酯乳油1500倍液等。

24 杨枯叶蛾（图2-24-1至图2-24-4）

属鳞翅目枯叶蛾科。又名柳星枯叶蛾、柳毛虫、柳枯叶蛾。

分布与寄主

分布　全国各地。

寄主　樱桃、核桃、桃、李、杏、苹果等果树。

危害特点　幼虫食芽和叶片，食叶成孔洞或缺刻，严重时将叶片吃光仅留叶柄。

形态诊断　成虫：体长25~40毫米，翅展40~85毫米，雄较小；全体黄褐色，腹面色浅，头胸背中央具暗色纵线一条；触角双栉齿状；前翅窄，外缘和内缘波状弧形，翅上具5条黑色波状横线，近中室端具一黑色肾形小斑；后翅宽短，外缘波状弧形，翅上有黑横线3条。卵：白色近球形，长约1.5毫米。幼虫：体长85~100毫米，灰绿或灰褐色，生有灰长毛，腹部两侧生灰黑毛丛；中、后胸背面后缘各具一黑色刷状毛簇，中胸者大且明显；第八腹节背面中央具一黑瘤突，上生长毛；体背具黑色纵斜纹，体腹面浅黄褐色；胸、腹足俱全。蛹：椭圆形，长33~40毫米，浅黄至黄褐色。茧：长椭圆形，40~55毫米，灰白色略带黄褐，丝质。

发生规律　东北、华北1年发生1代，华东、华中2代，均以低龄幼虫于枝干或枯叶中越冬，翌春活动，于夜晚取食嫩芽或叶片，幼虫老熟后吐丝缀叶于内结茧化蛹。1代区成虫6~7月发生，2代区5~6月和8~9月发生。成虫昼伏夜出，有趋光性，静止时似枯叶。成虫产卵于枝干或叶上，几粒或几十粒单层或双层块状。幼虫孵化后分散危害，1代区幼虫发育至2~3龄，体长30毫米左右时停止取食，爬至枝干皮缝、树洞或枯叶中越冬。2代区一代幼虫30~40天老熟结茧化蛹，羽化后继续繁殖；二代幼虫达2~3龄即越冬。一般10月陆续进入越冬状态。

防治方法

农业防治　结合冬春树体管理捕杀幼虫。

物理防治　成虫发生期利用黑光灯或高压汞灯诱杀成虫。

化学防治　幼虫出蛰后及时施药防治，可喷洒25%喹硫磷乳油或50%杀螟硫磷乳油、48%哒嗪硫磷乳油、50%马拉硫磷乳油1000倍液、52.25%蜱·氯乳油1500倍液、10%氯菊酯乳油2000~2500倍液、20%辛·氰乳油1500倍液等。

25 金毛虫（图2-25-1至图2-25-6）

属鳞翅目毒蛾科。又名桑斑褐毒蛾、纹白毒蛾、桑毒蛾、黄尾毒蛾、黄尾白毒蛾等。

分布与寄主

分布 全国产区。

寄主 柿、山楂、桃、杏、苹果、石榴、樱桃等果树和林木。

危害特点 初孵幼虫群集叶背面取食叶肉，仅留透明的上表皮，稍大后分散危害，将叶片吃成大的缺刻，重者仅剩叶脉，并啃食幼果和果皮。

形态诊断 成虫：雌体长14~18毫米，翅展36~40毫米；雄体长12~14毫米，翅展28~32毫米；全体及足白色；触角双栉齿状；雌、雄蛾前翅近臀角处有褐色斑纹，雄蛾前翅在内缘近基角处还有一个褐色斑纹。卵：直径0.6~0.7毫米，淡黄色，上有黄色绒毛。幼虫：体长26~40毫米，头黑褐色，体黄色，背线红色；体背面有一橙黄色带，带中央贯穿一红褐间断的线；前胸背面两侧各有一红色瘤，其余各节背瘤黑色，瘤上生黑色长毛束和白色短毛。蛹：长9~11.5毫米。茧：长13~18毫米，椭圆形，淡褐色。

发生规律 1年发生2~6代，以幼虫结灰白色薄茧在枯叶、树杈、树干缝隙及落叶中越冬。2代区翌年4月开始危害春芽及叶片。1~3代幼虫危害高峰期主要在6月中旬、8月上中旬和9月上中旬，10月上旬前后开始结茧越冬。成虫昼伏夜出，产卵于叶背，形成长条形卵块，卵期4~7天。每代幼虫历期20~37天。幼虫有假死性。天敌主要有黑卵蜂、矮饰苔寄蝇、桑毛虫绒茧蜂等。

防治方法

农业防治 冬春季刮刷老树皮，清除园内外枯叶杂草，消灭越冬幼虫。在低龄幼虫集中危害时，摘虫叶灭虫。

生物防治 掌握在2龄幼虫高峰期，喷洒多角体病毒，每毫升含15000颗粒的悬浮液，每667平方米喷洒20升。

化学防治 幼虫分散危害前，及时喷洒2.5%溴氰菊酯乳油或20%氰戊菊酯乳油3000倍液、10%联苯菊酯乳油4000~5000倍液、52.25%蜱·氯乳油2000倍液、50%辛硫磷乳油1000倍液、10%吡虫啉可湿性粉剂2500倍液。

26 **茶蓑蛾**（图2-26-1至图2-26-7）

属鳞翅目蓑蛾科。又名小窠蓑蛾、小蓑蛾、小袋蛾、茶袋蛾、避债蛾、茶背袋虫。

分布与寄主

分布 全国各樱桃产区。

寄主 樱桃、柿、桃、柑橘、石榴等100多种植物。

危害特点 幼虫在护囊中咬食叶片、嫩梢或剥食枝干、果实皮层，造成局部光秃。该虫喜集中危害。

形态诊断 成虫：雌蛾体长12~16毫米，足退化，无翅，蛆状，体乳白色；头小褐色；腹部肥大，体壁薄，能看见腹内卵粒。雄蛾体长11~15毫米，翅展22~30毫米，体翅暗褐色；触角双栉状；胸部、腹部具鳞毛；前翅翅脉两侧色略深，外缘中前方具近正方形透明斑2个。卵：椭圆形，0.8毫米×0.6毫米，浅黄色。幼虫：体长16~28毫米，头黄褐色，胸部背板灰黄白色，背侧具褐色纵纹2条，胸节背面两侧各具浅褐色斑1个；腹部棕黄色，各节背面均有"八"字形黑色小突起4个。蛹：雌蛹纺锤形，长14~18毫米，深褐色；雄蛹深褐色，长13毫米；护囊：纺锤形，枯枝色，成长幼虫的护囊，雌的长约30毫米，雄的长约25毫米。囊系以丝缀结叶片、枝条碎片及长短不一的枝梗而成，枝梗整齐地纵裂于囊的最外层。

发生规律 贵州1年发生1代，华东地区年发生1~2代，台湾2~3代。以幼虫在枝叶上的护囊内越冬。翌春3月越冬幼虫开始取食，5月中下旬化蛹，6月上旬至7月中旬成虫羽化并产卵，卵期12~17天。第一代幼虫6~8月发生且危害重，幼虫期50~60天。第二代幼虫9月出现，危害至落叶越冬。幼虫孵化后先取食卵壳，后爬上枝叶或飘至附近枝叶上，吐丝黏缀碎叶营造护囊并开始取食。天敌有蓑蛾疣姬蜂、松毛虫疣姬蜂、桑蟥疣姬蜂、大腿蜂、小蜂等。

防治方法

农业防治 发现虫囊及时摘除，集中烧毁。

生物防治 注意保护利用寄生蜂等天敌昆虫。或喷洒每克含1亿活孢子的杀螟杆菌或青虫菌6号悬浮剂防治。

化学防治 掌握在幼虫初孵期喷洒90%晶体敌百虫或50%杀螟硫磷乳油1000倍液、2.5%溴氰菊酯乳油2000倍液、10%氟丙菊酯乳油1500倍液等。

㉗ 黄刺蛾 （图2-27-1至图2-27-13）

属鳞翅目刺蛾科。又名刺蛾、洋辣子、八角虫、八角罐、羊蜡罐、白刺毛等。

分布与寄主

分布 全国各樱桃产区。

寄主 柿、桃、杏、石榴、苹果、樱桃等果树。

危害特点 低龄幼虫群集叶背面啃食叶肉，稍大把叶食成网状，随虫龄增大则分散取食，将叶片吃成缺刻，仅留叶柄和叶脉，重者吃光全树叶片。

形态诊断 成虫：体长13~16毫米，翅展30~34毫米；头和胸部黄色，腹背黄褐色；前翅内半部黄色，外半部为褐色，有两条暗褐色斜线，在翅尖上汇合于一点，呈倒"V"字形，内面一条伸到中室下角，为黄色与褐色的分界线。卵：椭圆形，黄绿色。幼虫：体长16~25毫米，头小，胸腹部肥大，呈长方形，似幼儿的娃娃鞋，黄绿色；体背有一两端粗中间细的哑铃形紫褐色大斑，和许多突起枝刺。蛹：椭圆形，长12毫米，黄褐色。茧：灰白色，质地坚硬，茧壳上有几道褐色长短不一的纵纹，形似雀蛋。

发生规律　1年发生2代，以老熟幼虫在树枝上结茧越冬。翌年5月上旬化蛹，5月中下旬至6月上旬羽化，成虫趋光性强，产卵于叶背面，数十粒连成一片；6月中下旬幼虫孵化，初孵幼虫喜群集危害，数头幼虫白天头向内形成环状静伏于叶背。6月下旬至7月上中旬幼虫老熟后，固贴在枝条上，作茧化蛹。7月下旬出现第二代幼虫，危害至9月初结茧越冬。天敌主要有上海青蜂和黑小蜂等。

防治方法

农业防治　冬春季剪除冬茧集中烧毁，消灭越冬幼虫。

生物防治　摘除冬茧时，识别青蜂（冬茧上端有一被寄生蜂产卵时留下的小孔）选出保存，来年放入果园天然繁殖寄杀虫茧。低龄幼虫期每667平方米用每克含孢子100亿的白僵菌粉0.5~1千克，在雨湿条件下喷雾防治效果好。

化学防治　卵孵化盛期至幼虫危害初期喷洒90%晶体敌百虫或40%马拉硫磷乳油1200倍液、25%灭幼脲悬浮剂1500倍液、20%除虫脲悬浮剂3000~4000倍液、1.8%阿维菌素2000~3000倍液、20%抑食肼可湿性粉剂800~1000倍液、20%虫酰肼悬浮剂1000~1500倍液、2.5%溴氰菊酯乳油3000~4000倍液、10%乙氰菊酯乳油2000倍液等。

28　白眉刺蛾（图2-28-1至图2-28-6）

属鳞翅目刺蛾科。又名杨梅刺蛾。

分布与寄主

分布　全国多数樱桃产区。

寄主　柿、桃、杏、石榴、核桃、枣、樱桃等果树。

危害特点　幼虫危害叶片，低龄幼虫啃食叶肉，稍大把叶片食成缺刻或孔洞，重者仅留主脉。

形态诊断　成虫：体长8毫米，翅展16毫米左右，前翅乳白色，端部具浅褐色浓淡不均的云状斑。幼虫：体长7毫米左右，扁椭圆形，绿色，体背部隆起呈龟甲状，头褐色，很小，缩于胸前，体上无明显刺毛，体背生2条黄绿色纵带纹，纹上具小红点。蛹：长4.5毫米，近椭圆形。茧：长5毫米，圆筒形，灰褐色。

发生规律 1年发生2~3代，以老熟幼虫在树杈或叶背结茧越冬。翌年4~5月化蛹，5~6月成虫羽化，7~8月进入幼虫危害期，成虫昼伏夜出，有趋光性。卵块产于叶背，每块有卵8粒左右，卵期7天，低龄幼虫在叶背取食，留下半透明的上表皮，随虫龄增大，把叶食成缺刻或孔洞，重者食完全叶。8月下旬幼虫老熟，结茧越冬。

防治方法

农业防治 冬春季剪除冬茧集中烧毁，消灭越冬幼虫。

生物防治 摘除冬茧时，识别青蜂（冬茧上端有一被寄生蜂产卵时留下的小孔）选出保存，来年放入果园天然繁殖寄杀虫茧。低龄幼虫期每667平方米用每克含孢子100亿的白僵菌粉0.5~1千克，在雨湿条件下喷雾防治效果好。

化学防治 卵孵化盛期至幼虫危害初期喷洒90%晶体敌百虫或40%马拉硫磷乳油1200倍液、25%灭幼脲悬浮剂1500倍液、20%除虫脲悬浮剂3000~4000倍液、1.8%阿维菌素2000~3000倍液、20%抑食肼可湿性粉剂800~1000倍液、20%虫酰肼悬浮剂1000~1500倍液、2.5%溴氰菊酯乳油3000~4000倍液、10%乙氰菊酯乳油2000倍液等。

㉙ 丽绿刺蛾（图2-29-1至图2-29-8）

属鳞翅目刺蛾科。又名绿刺蛾。

分布与寄主

分布 全国各产区。

寄主 柿、桃、杏、石榴、苹果、梨、山楂、柑橘、樱桃等果树和林木。

危害特点 以幼虫蚕食叶片，低龄幼虫群集叶背食叶成网状，重者食净叶肉，仅剩叶柄。

形态诊断 成虫：体长10~17毫米，翅展35~40毫米，触角雄蛾双栉齿状、雌蛾基部丝状；头顶、胸背绿色，腹部灰黄色；前翅绿色，肩角处有1块深褐色尖刀形基斑，外缘具深棕色宽带；后翅浅黄色，外缘带褐色。卵：扁平椭圆形，长径约1.5毫米，浅黄绿色。幼虫：体长25~27毫米，初龄时黄色，稍大转为粉绿色；从中胸至第八腹节各有4个瘤状突起，上生有黄色刺毛丛，第一腹节背面的毛瘤各有3~6根红色刺毛；腹部末端有4丛球状黑色刺毛；背中央具暗绿色带3条；两侧有浓蓝色点线。蛹：椭圆形，长约13毫米，黄褐色。茧：椭圆形，长约15毫米，暗褐色坚硬。

发生规律 1年发生2代，以老熟幼虫在树干上结茧越冬。翌年4月下旬至5月上旬化蛹，第一代成虫于5月末至6月上旬羽化，第一代幼虫于6~7月发生；第二代成虫8月中下旬羽化，第二代幼虫于8月下旬至9月发生，至10月上旬在树干上结茧越冬。成虫有强趋光性，卵产于叶背，数十粒成块。初孵幼虫常7～8头群集取食，稍大后分散危害。幼虫体上的刺毛丛含有毒腺，人体皮肤接触后，常因毒液进入皮下而肿胀奇痛，故有"洋辣子"之称。天敌有爪哇刺蛾寄蝇等。

防治方法

农业防治　冬春季清洁果园消灭树枝上的越冬茧。及时摘除初孵幼虫群集危害的叶片并消灭之，注意勿使虫体接触皮肤。

化学防治　卵孵化盛期至幼虫危害初期叶面喷洒90%晶体敌百虫或40%马拉硫磷乳油1200倍液、25%灭幼脲悬浮剂1500倍液、20%除虫脲悬浮剂3000～4000倍液、1.8%阿维菌素2000～3000倍液、20%抑食肼可湿性粉剂800～1000倍液、20%虫酰肼悬浮剂1000～1500倍液、2.5%溴氰菊酯乳油3000～4000倍液、10%乙氰菊酯乳油2000倍液等。

30　褐边绿刺蛾（图2-30-1至图2-30-4）

属鳞翅目刺蛾科。又名青刺蛾、褐缘绿刺蛾、四点刺蛾、曲纹绿刺蛾，幼虫俗称洋辣子。

分布与寄主

分布　全国各产区。

寄主　柿、山楂、桃、杏、苹果、石榴、柑橘、樱桃等果树。

危害特点　低龄幼虫取食叶的下表皮和叶肉，留下上表皮，致叶片呈不规则黄色斑块，大龄幼虫食叶成孔洞和缺刻，重者吃光全叶，仅留主脉。

形态诊断　成虫：体长16毫米，翅展38～40毫米；触角雄蛾栉齿状，雌蛾丝状；头、胸、背绿色，胸背中央有一棕色纵线，腹部灰黄色；前翅绿色，基部有暗褐色大斑，外缘为灰黄色宽带；后翅灰黄色。卵：扁椭圆形，长1.5毫米，黄白色。幼虫：体长25～28毫米，初龄黄色，稍大黄绿至绿色，中胸至第八腹节各有4个瘤状突起，上生青色刺毛束，腹末有4个毛瘤丛生蓝黑球状刺毛；背线绿色，两侧有深蓝色点。蛹：椭圆形，长13毫米，黄褐色。茧：椭圆形，长16毫米，暗褐色坚硬。

发生规律　1年发生1～3代，以前蛹于茧内在树干基部浅土层或枝干上越冬。1代区6月上中旬至7月中旬越冬成虫羽化，6月下旬至9月幼虫发生危害，8月危害最重，8月下旬后幼虫陆续结茧越冬。2代区5月中旬越冬代成虫羽化，第一代幼虫6～7月发生，第一代成虫8月中下旬羽化；第二代幼虫8月下旬至10月中旬发生，10月上旬幼虫结茧越冬。成虫昼伏夜出，有趋光性。卵多产于叶背主脉附近，数十粒呈鱼鳞状块状排列，卵期7天左右。幼龄群集，稍大后分散。天敌有紫姬蜂和寄生蝇。

防治方法

生物防治 秋冬季摘虫茧，放入细纱笼内，保护和引放寄生蜂。低龄幼虫期每亩用每克含孢子100亿的白僵菌粉0.5～1千克，在雨湿条件下喷雾防治效果好。

农业防治 幼虫群集危害期进行人工捕杀，注意手不要碰到幼虫毒毛。利用黑光灯诱杀成虫。

化学防治 幼虫发生期及时喷洒90%晶体敌百虫或50%马拉硫磷乳油、50%杀螟硫磷乳油等1000倍液，或50%辛硫磷乳油1500倍液、10%联苯菊酯乳油3000倍液、2.5%鱼藤酮300～400倍液等。

㉛ 麻皮蝽（图2-31-1至图2-31-6）

属半翅目蝽科。又名黄霜蝽、黄斑蝽、臭屁虫。

分布与寄主

分布 全国各产区。

寄主 枣、梨、石榴、柑橘、樱桃等果树。

危害特点 成虫、若虫刺吸寄主植物的嫩茎、嫩叶和果实汁液。叶片和嫩茎被害后，出现黄褐色斑点，叶脉变黑，叶肉组织颜色变暗，重者导致叶片提早脱落，嫩茎枯死；果实被害，果面呈现黑褐色麻点。

形态诊断 成虫：体长18～24.5毫米，宽8～11.5毫米，密布黑色点刻，背部棕褐色；前胸背板、小盾片、前翅革质部布有不规则细碎黄色凸起斑纹；前翅膜质部黑色；腹面黄白色；头部稍狭长，前尖；触角5节黑色丝状。卵：近鼓状，顶端具盖，白色。若虫：初龄若虫胸、腹背面有许多红、黄、黑相间的横纹；二龄若虫腹背前面有6个红黄色斑点，后面中间有一椭圆形褐色凸起斑；老熟若虫与成虫相似，红褐或黑褐色，触角4节黑色；前胸背板中部及小盾片两侧角具6个淡红色斑点；腹背中部具暗色斑3个，上各有淡红色臭腺孔2个。

发生规律 1年发生1代，以成虫于草丛或树洞、树皮裂缝及枯枝落叶下、墙缝、屋檐下越冬。翌春果树发芽后开始活动，5～7月交配产卵，卵多产于叶背，数粒或数十粒黏在一起，卵期约10天，5月中旬见初孵若虫，7～8月羽化为成虫危害至深秋，10月开始越冬。成虫飞行力强，喜在树体上部活动，有假死性，受惊时分泌臭液。

防治方法

农业防治 冬春季清除园地枯叶杂草，集中烧毁或深埋。成虫、若虫危害期，掌握在成虫产卵前，于清晨震落捕杀。

化学防治 成虫产卵期和若虫期喷洒25%溴氰菊酯乳油2000倍液或10%氯

菊酯乳油1000~1500倍液、40%辛硫磷乳油600~1000倍液、10%乙氰菊酯乳油800~1000倍液等。

㉜ 茶翅蝽（图2-32-1至图2-32-4）

属半翅目蝽科。又名臭木椿象、臭木蝽、茶色蝽。

分布与寄主

分布　除新疆、青海未见报道外，其他各产区均有分布。

寄主　苹果、山楂、樱桃、柿、枣、梨、苹果、柑橘等果树和林木。

危害特点　成虫、若虫刺吸叶、嫩梢及果实汁液，致植株生长变弱，果实表面出现黑色斑点。

形态诊断　成虫：体长12~16毫米，宽6.5~9毫米，扁椭圆形，淡黄褐至茶褐色，略带紫红色，前胸背板、小盾片和前翅革质部有黑褐色刻点，前胸背板前缘横列4个黄褐色小点，小盾片基部横列5个小黄点；腹部侧接缘为黑黄相间。卵：圆筒形，直径约0.7毫米，初灰白渐至黑褐色。若虫：初孵体长1.5毫米左右，近圆形，腹部淡橙黄色，各腹节两侧节间各有1长方形黑斑，共8对；腹部第三、五、七节背面中部各有1个较大的长方形黑斑；老熟若虫与成虫相似，无翅。

发生规律　1年发生1代，以成虫在空房、屋角、檐下、树洞、土缝、石缝及草堆等处越冬。5月上旬陆续出蛰活动，6月上旬至8月产卵，多块产于叶背，每块20~30粒。卵期10~15天，6月中下旬为卵孵化盛期，7月上旬出现若虫，8月中旬至9月下旬为成虫盛期。成虫和若虫受到惊扰或触动时，即分泌臭液逃逸。天敌有蝽象黑卵蜂、稻蝽小黑卵蜂等。

防治方法

生物防治　保护利用天敌。①5~7月为该虫寄生蜂成虫羽化和产卵期，果园应避免使用触杀性杀虫剂。②果园外围栽榆树作为防护林，可保护蝽象黑卵蜂到林带内椿象卵上繁殖。

农业防治　冬春季捕杀越冬成虫。发生期随时摘除卵块及时捕杀初孵群集若虫。

化学防治　于成虫产卵期和低龄若虫期喷洒48%毒死蜱乳油2000倍液或20%杀螟硫磷乳油3000倍液、50%丙硫磷乳油1000倍液、5%氟虫脲乳油1000~1500倍液等。

㉝ 斑须蝽（图2-33-1至图2-33-4）

属半翅目蝽科。又名细毛蝽、黄褐蝽、斑角蝽、节须蚁。

分布与寄主

分布　全国各产区。

寄主　樱桃、石榴、苹果、梨、桃、山楂、梅、柑橘、杨梅、枸杞、草莓等。

危害特点　成虫、若虫刺吸寄主植物的嫩叶、嫩茎、果实汁液，造成落蕾、落花，茎叶被害后出现黄褐色小点及黄斑，严重时叶片卷曲，嫩茎凋萎，影响生长发育。

形态诊断　成虫：体长8~13.5毫米，宽5.5~6.5毫米。椭圆形，黄褐色或紫色，密被白色绒毛和黑色小刻点。复眼红褐色。触角5节，黑色，第一节、第二至四节基部及末端与第五节基部黄色，形成黄黑相间。喙端黑色，伸至后足基节处。前胸背板前侧缘稍向上卷，呈浅黄色，后部常带暗红。小盾片三角形，末端钝而光滑，黄白色。前翅革片淡红褐或暗红色，膜片黄褐，透明，超过腹部末端。侧接缘外露，黄黑相间。足黄褐至褐色，腿节、胫节密布黑刻点。卵：筒形，长1~1.1毫米，宽0.75~0.8毫米。初时浅黄色，后变赭灰黄色。若虫：共5龄。1龄卵圆形，腹部背面中央和侧缘具黑色斑块。2龄第四、五、六腹节背面各具一对臭腺孔。3龄中胸背板后缘中央和后缘向后稍伸出。4龄腹部淡黄褐色至暗灰褐色，小盾片显露。5龄体椭圆形，黄褐至暗灰色，小盾片三角形。

发生规律　吉林1年1代，辽宁、内蒙古、宁夏2代，江西3~4代。以成虫在杂草、枯枝落叶、植物根际、树皮裂缝及屋檐下越冬。内蒙古越冬成虫4月初开始活动，4月中旬交尾产卵，4月末5月初卵孵化。第一代成虫6月初羽化，6月中旬产卵盛期，第二代卵于6月中下旬至7月上旬孵化，8月中旬成虫羽化，10月上旬陆续越冬。江西越冬成虫3月中旬开始活动，3月末4月初交尾产卵，4月初至5月中旬若虫出现，5月下旬至6月下旬第一代成虫出现。第二代若虫期为6月中旬至7月中旬，7月上旬至8月中旬为成虫期。第三代若虫期为7月中下旬至8月上旬，成虫期8月下旬开始。第四代若虫期9月上旬至10月中旬，成虫期10月上旬开始，10月下旬至12月上旬陆续越冬。第一代卵期8~14天；若虫期39~45天；成虫寿命45~63天。第二代卵期3~4天，若虫期18~23天，成虫寿命38~51天，第三代卵期3~4天，若虫期21~27天，成虫寿命52~75天。第四代卵期5~7天，若虫期31~42天，成虫寿命181~237天。成虫一般在羽化后4~11天开始交尾，交尾后5~16天产卵，产卵期25~42天。雌虫产卵于叶背面，20~30粒排成一列。

防治方法

农业防治　清除园内杂草及枯枝落叶并集中烧毁，以消灭越冬成虫。

化学防治　于若虫危害期喷洒50%马拉硫磷乳油或52.25%蜱·氯乳油1500倍液、50%丙硫磷乳油或90%晶体敌百虫800~1000倍液、2.5%溴氰菊酯乳油或20%甲氰菊酯乳油3000倍液。

34 梨网蝽（图2-34-1至图2-34-6）

属半翅目网蝽科。又名梨花网蝽、梨军配虫。

分布与寄主

分布　全国各产区。

寄主　梨、山楂、樱桃、柿、李、杏、苹果、核桃等。

危害特点　以成虫、若虫在寄主叶片背面刺吸危害，被害叶正面形成苍白斑点，叶片背面因虫所排出的粪便呈黑色油渍状斑。受害严重时全树叶片变黑褐色枯落，影响树势和产量，并诱发煤污病发生。

形态诊断　成虫：体长约3.5毫米，扁平，暗褐色；触角丝状；前胸背板中央纵向隆起，向后延伸如扁板状，盖住小盾片，两侧向外突出呈翼片状；前翅略呈长方形，具黑褐色斑纹，静止时两翅叠起黑褐色斑纹呈"X"状；前胸背板与前胸均半透明，具褐色细网纹。卵：长椭圆形，长约0.6毫米，初产淡绿色渐变淡黄色。若虫：共5龄。初孵若虫乳白色，近透明，渐变成深褐色；3龄后有明显的翅芽；老熟若虫头、胸、腹部两侧均有黄褐色刺状突起。

发生规律　北方1年发生3~4代，长江流域1年发生4~5代。均以成虫在枯枝落叶、树皮裂缝、杂草及土、石缝中越冬。翌年4月上旬开始取食危害。产卵于叶片背面靠主脉两侧的叶肉内。卵期约15天，第一代若虫于4月下旬孵化，有群集性，若虫期约15天。成虫、若虫喜群集叶背主脉附近，被害叶面呈现黄白色斑点，叶背和下边叶面上常落有黑褐色带黏性的分泌物和粪便。5月中旬后各虫态同时出现，世代重叠。一年中以7~8月危害最重。高温干旱利其发生。10月中下旬以后，成虫寻找适当处所越冬。

防治方法

农业防治　冬季清除果园内枯枝、落叶、杂草，集中烧毁或深埋，以消灭越冬成虫。

化学防治　重点抓好第一代若虫孵化盛期（即4月下旬）的防治，叶面喷洒40%毒死蜱乳油或40%辛硫磷乳油1000倍液、20%氰戊菊酯乳油2500倍液、2.5%氯氟氰菊酯乳油3000倍液、20%抑食肼可湿性粉剂1500~2000倍液、2%阿维菌素乳油4000~6000倍液等。

35 蓝目天蛾（图2-35-1，图2-35-2）

属鳞翅目天蛾科。又名柳天蛾、柳目天蛾、柳蓝目天蛾。

分布与寄主

分布　除新疆、西藏未见报道外，其他各产区均有分布。

寄主 桃、樱桃、核桃、梅、苹果、葡萄等果树。

危害特点 低龄幼虫食叶成缺刻或孔洞，稍大常将叶片吃光，残留叶柄。

形态诊断 成虫：体长25～27毫米，翅展66～106毫米，体灰黄色，胸背中央具褐色纵宽带；触角栉状黄褐色；前翅外缘波状，翅基1/3色浅、穿过褐色内线向臀角突伸1长角，末端有黑纹相接，中室端部新月形带褐边的白斑，外缘顶角至中后部有近三角形大褐色斑1个；后翅浅黄褐色，中部具灰蓝或蓝色眼状大斑1个，周围青白色，外围黑色，其上缘粉红至红色。卵：椭圆形，长1.7毫米，绿色有光泽。幼虫：体长60～90毫米，黄绿或绿色，体表密布黄白色小颗粒，头顶尖，三角形，口器褐色；胸部两侧各具由黄白色颗粒构成的纵线1条；第一至第七腹节两侧具斜线；第八腹节背面中部具1密布黑色小颗粒的尾角，胸足红褐色。蛹：长35毫米左右，黑褐色，臀棘锥状。

发生规律 东北、华北1年发生2代，河南3代，均以蛹在土中越冬。2代区越冬蛹5月上旬至6月上旬羽化，交尾产卵，卵期约20天，第1代幼虫6月发生，7月老熟入土化蛹，蛹期20天左右，7月下旬至8月下旬羽化；第2代幼虫8月始发，9月老熟幼虫入土化蛹越冬。成虫昼伏夜出，具趋光性，卵多产于叶背，每雌可产卵300～400粒。幼虫在叶背或枝条上栖息，老熟后下树入土化蛹。天敌有小茧蜂等。

防治方法

农业防治 秋后至早春耕翻土壤，以消灭越冬蛹。幼虫发生期人工捕杀幼虫。

物理防治 成虫发生期黑光灯诱杀成虫。

化学防治 卵孵化盛期喷洒90%晶体敌百虫1000倍液或20%虫酰肼悬浮剂或50%杀螟硫磷乳油1500倍液、20%氰戊菊酯乳油2000～3000倍液、20%甲氰菊酯乳油2000倍液、2.5%三氟氯氰菊酯乳油或10%联苯菊酯乳油2000～2500倍液等。

36 银杏大蚕蛾（图2-36-1至图2-36-5）

属鳞翅目大蚕蛾科。又名核桃楸天蚕蛾、白果蚕、栗天蚕。

分布与寄主

分布 东北、华北、华东、华中、华南、西南等产区。

寄主 核桃、樱桃、银杏、板栗、桃、苹果、梨、李等果树。

危害特点 幼虫取食果树的嫩芽和叶片，食叶成缺刻，重者食光叶片。

形态诊断 成虫：体长25～60毫米，翅展90～150毫米，体灰褐色或紫褐色；雌蛾触角栉齿状，雄蛾羽状；前翅内横线紫褐色，外横线暗褐色，两线近后缘处汇合，中间呈三角形浅色区，中室端部具月牙形透明斑；后翅从基部到外横线间具较宽红色区，亚缘线区橙黄色，缘线灰黄色，中室端处生一大眼状斑，斑内侧具白纹；后翅臀角处有一白色月牙形斑。卵：椭圆形，长2.2毫米左右，灰褐色，一端具黑色黑斑。幼虫：末龄幼虫体长80~110毫米；体黄绿色或青蓝色；背线黄绿色，亚背线浅黄色，气门上线青白色，气门线乳白色，气门下线、腹线处深绿色，各体节上具青白色长毛及突起的毛瘤，其上生黑褐色硬毛。蛹：长30~60毫米，污黄至深褐色。茧：长60~80毫米，黄褐色，网状。

发生规律　1年发生1~2代，辽宁、吉林1年发生1代，以卵越冬。翌年5月上旬越冬卵开始孵化，5~6月进入幼虫危害盛期，重者把树上叶片吃光，6月中旬至7月上旬于树冠下部枝叶间缀叶结茧化蛹，8月中下旬羽化、交配和产卵。卵多产在树干下部1~3米处以及树杈处，数十粒至百余粒块产。天敌主要有赤眼蜂、黑卵蜂、绒茧蜂、螳螂、蚂蚁等。

防治方法

农业防治　冬春季用硬刷子刷除树皮缝隙中的越冬卵减少越冬虫源。6~7月结合园内管理，人工捕捉幼虫和摘除茧蛹，喂养家禽。

化学防治　掌握雌蛾到树干上产卵、幼虫孵化盛期上树危害之前和幼虫3龄前两个有利时机，喷洒50%马拉硫磷乳油或90%晶体敌百虫1000倍液、10%氯菊酯乳油2000~2500倍液、10%醚菊酯悬浮剂1000~1500倍液、5%氟苯脲乳油1000~2000倍液等。

㊲　舟形毛虫（图2-37-1至图2-37-6）

属鳞翅目舟蛾科。又名苹掌舟蛾、苹果天社蛾、黑纹天社蛾、举尾毛虫、举肢毛虫、秋黏虫、苹天社蛾、苹黄天社蛾等。

分布与寄主

分布　全国各产区。

寄主　苹果、山楂、核桃、樱桃、梨、杏、桃、李、板栗、枇杷等果树和林木。

危害特点　初龄幼虫啃食叶肉，仅留表皮，呈箩底状，稍大后把叶食成缺刻或仅残留叶柄，严重时把叶片吃光，造成二次开花。

形态诊断　成虫：体长22~25毫米，翅展49~52毫米，头胸部淡黄白色，腹背雄蛾浅黄褐色，雌蛾土黄色，末端均淡黄色；触角丝状；前翅银白色，在近基部生1长圆形斑，外缘有6个椭圆形斑，横列成带状，各斑内端灰黑色，外端茶褐色，中间有黄色弧线隔开，翅中部有淡黄色波浪状线4条；后翅浅黄白色，近外缘处生一褐色横带。卵：球形，直径约1毫米，初淡绿渐变灰色。幼虫：体长55毫米左右，被灰黄长毛；头、前胸、臀板、足均黑色，胴部紫黑色，体侧具3条紫红色线，并具多个淡黄色的长毛簇。蛹：长20~23毫米，暗红褐色至黑紫色，腹末有臀棘6根。

发生规律 1年发生1代，以蛹在树冠下土中越冬，翌年7月上旬至下旬羽化，成虫昼伏夜出，趋光性强。卵多产在树体东北面的中下部枝条的叶背，数十粒或百余粒密集成块。卵期6~13天。低龄幼虫傍晚至早晨或阴天群集叶面，头向叶缘排列成行，由叶缘向内啃食。低龄幼虫遇惊扰或震动时，成群吐丝下垂。稍大后分散取食，白天多栖息在叶柄或枝条上，头尾翘起，状似小舟，故称舟形毛虫。幼虫期31天左右，成龄后食量大，常把叶片吃光。幼虫老熟后下树入土化蛹越冬。

防治方法

农业防治　冬春季翻耕树盘，利用低温和鸟食消灭越冬蛹；在幼虫分散危害前，及时剪除幼虫群居的枝叶烧毁；利用幼虫吐丝下垂的习性，人工震落捕杀幼虫。

生物防治　①在卵发生期的7月中下旬释放松毛虫赤眼蜂，卵被寄生率可达95%以上，灭卵效果好。也可在幼虫期喷洒每克含300亿孢子的青虫菌粉剂1000倍液。②成虫发生期利用黑光灯诱杀成虫。

化学防治　卵孵化前后和幼虫分散危害前是树上施药的关键期。可喷洒48%毒死蜱乳油或40%乙酰甲胺磷乳油、50%杀螟硫磷乳油1000~1200倍液、90%晶体敌百虫800倍液、20%戊菊酯乳油1500~2000倍液、10%醚菊酯乳油800~1000倍液、25%灭幼脲悬浮剂1500倍液、3%啶虫脒乳油2000倍液等。

(38) 小绿叶蝉 (图2-38-1，图2-38-2)

属同翅目叶蝉科。又名桃叶蝉、桃小叶蝉、桃小绿叶蝉、桃小浮尘子等。

分布与寄主

分布　全国各产区。

寄主　桃、柿、梨、苹果、杏、葡萄、樱桃、柑橘等果树。

危害特点 成虫、若虫刺吸寄主汁液，被害叶初现黄白色斑点，渐扩大成片，严重时全叶苍白早落。

形态诊断 成虫体长3.3~3.7毫米，淡黄绿至绿色，复眼灰褐至深褐色，触角刚毛状；前胸背板、小盾片浅鲜绿色，常具白色斑点；前翅半透明，淡黄白色，周缘具淡绿色细边，后翅透明膜质；各足胫节端部以下淡青绿色，爪褐色；后足跳跃式；腹部背板色较腹板深，末端淡青绿色。卵：长椭圆形，0.6毫米×0.15毫米，乳白色。若虫：体长2.5~3.5毫米，与成虫相似。

发生规律 1年发生4~6代，以成虫在落叶、杂草或低矮绿色植物中越冬。翌年春桃、李、杏发芽后出蛰，飞到树上刺吸汁液。卵多产在新梢或叶片主脉里，卵期5~20天，若虫期10~20天，非越冬成虫寿命30天；完成一个世代40~50天。

因发生期不整齐致世代重叠，6月虫口数量增加，8~9月最多且危害重，秋后以成虫越冬。成虫、若虫喜欢白天活动在叶背刺吸汁液或栖息。成虫善跳，可借风力扩散，旬均温15~25℃适其生长发育，28℃以上及连阴雨天气虫口密度下降。

防治方法

农业防治　冬春季清除园内落叶及杂草，减少越冬虫源。

化学防治　越冬代成虫迁入后，各代若虫孵化盛期及时喷洒40%辛硫磷乳油1500倍液或10%吡虫啉可湿性粉剂2500倍液、50%马拉硫磷乳油1500倍液、20%噻嗪酮乳油1000倍液、2.5%溴氰菊酯乳油或10%溴氟菊酯乳油2000倍液、50%抗蚜威超微可湿性粉剂3000~4000倍液进行防治。

39　大青叶蝉（图2-39-1至图2-39-4）

属鞘翅目象甲科。又名青叶跳蝉、青叶蝉、大绿浮尘子、桑浮尘子。

分布与寄主

分布　全国各产区。

寄主　柿、核桃、苹果、桃、葡萄、枣、板栗、樱桃、山楂、柑橘等果树、花卉、林木。

危害特点　以成虫和若虫刺吸芽、叶汁液，致叶褪色、畸形、卷缩甚至枯死，并可传播病毒病。

形态诊断　成虫：体长7~10毫米，雄较雌略小，青绿色；头橙黄色，左右各具一小黑斑，眼红色；前翅革质绿色微带青蓝，端部色淡近半透明；前翅反面、后翅和腹背均黑色，腹部两侧和腹面橙黄色。卵：长卵圆形，长约1.6毫米，乳白至黄白色。若虫：与成虫相似，共5龄，初龄灰白色；2龄淡灰微带黄绿色；3龄灰黄绿色，胸腹背面有4条褐色纵纹，出现翅芽；4、5龄同3龄，老熟时体长6~8毫米。

发生规律　北方1年发生3代，以卵在树木枝条表皮下越冬。4月孵化，于杂草、农作物或花卉上危害，若虫期30~50天。各代发生期大体为：第一代4月上旬至7月上旬，成虫5月下旬出现；第二代6月上旬至8月中旬，成虫7月出现；第三代7月中旬至11月中旬，成虫9月出现。世代重叠严重。成虫夏季趋光性强，晚秋不明显。产卵于茎秆、叶柄、主脉、枝条等组织内，每处产卵6~12粒，排列整齐，表皮成肾形凸起。非越冬卵期9~15天，越冬卵期5个月以上。春季主要危害花卉及杂草等植物，9、10月则集中于秋季花卉及其他植物上危害，10月中下旬第三代成虫陆续转移到果树、木本花卉和林木上危害并产卵于枝条内，直至秋后，以卵越冬。

防治方法

农业防治　彻底清除园内外杂草，减少叶蝉生活场所；发现产卵虫枝及时剪除销毁；夏季灯光诱杀第二代成虫，减少三代的发生。

化学防治　成虫、若虫危害期，喷洒90%晶体敌百虫1000倍液或2.5%溴氰菊酯乳油2000～3000倍液、10%吡虫啉可湿性粉剂3000倍液、52.25%蜱氯乳油1500倍液。

40　山楂叶螨（图2-40-1至图2-40-3）

属蜱螨目叶螨科。又名山楂红蜘蛛。

分布与寄主

分布　全国各产区。

寄主　梨、苹果、山楂、樱桃、桃、杏、李等果树。

危害特点　以幼虫、若虫、成螨危害芽、叶、果，常群集在叶片背面的叶脉两侧拉丝结网，在网下刺吸叶片的汁液。被害叶片出现失绿斑点，渐变成黄褐色或红褐色、枯焦乃至脱落。

形态诊断　成螨：雌成螨椭圆形，0.45毫米×0.28毫米，深红色；体背前端稍隆起，后部有横向的表皮纹；刚毛较长；足4对，淡黄色；冬型雌成螨鲜红色，夏型雌成螨深红色。雄成螨体长0.43毫米，末端尖削，浅黄绿至浅绿色，体背两侧各有1个大黑斑。卵：圆球形，浅黄白至橙黄色。幼螨：3对足，体圆形，初黄白色渐变为浅绿色，体背两侧具深绿色斑纹。若螨：4对足，淡绿至浅橙黄色，体背出现刚毛、两侧有黑绿色斑纹，后期可区分雌雄。

发生规律　1年发生6～10代，以受精雌成螨在树皮缝隙内越冬。果树萌芽期，越冬雌成螨开始出蛰，爬到花芽上取食危害，果树落花后，成螨在叶片背面危害，这一代发生期比较整齐，以后各世代重叠。6～7月份高温干旱季节适于叶螨发生，为全年危害高峰期。进入8月份，雨量增多，湿度增大，加上害螨天敌的影响，危害减轻。8月下旬后越冬型雌成螨陆续发生，10月害螨全部越冬。天敌有捕食螨等。

防治方法

农业防治　冬春季刮除树干上的老翘皮，消灭越冬雌成螨。

生物防治　果园内自然天敌种类很多，应尽量减少喷药次数，利用天敌控制害螨发生。

化学防治　防治的关键期在果树萌芽期和第一代若螨发生期（果树落花后）。①发芽前，喷洒3～5波美度的石硫合剂或含油3%～5%的柴油乳剂等。②果树萌芽期，喷洒50%硫黄悬浮剂200～400倍液或5%噻螨酮乳油1500倍液等。③若螨发生期喷洒20%四螨嗪悬浮剂或15%哒螨灵乳油2000倍液、1.8%阿维菌素乳油4000倍液等。

(41) **柳蝙蛾**（图2-41-1，图2-41-2）

属鳞翅目蝙蝠蛾科。又名蝙蝠蛾、东方蝙蝠蛾。

分布与寄主

分布　东北、江淮及南方果产区。

寄主　山楂、核桃、板栗、葡萄、樱桃、梨、苹果、杏、枇杷等果树、林木。

危害特点　幼虫危害枝条，把木质部表层蛀成环形凹陷坑道，致受害枝条生长衰弱，重则枝条枯死，遭风易折断。

形态诊断　成虫：体长32~36毫米，翅展61~72毫米，体色变化较大，刚羽化绿褐色，渐变粉褐色，后变茶褐色；前翅前缘有7个半环形斑纹，翅中央有1个深褐色微暗绿的三角形大斑，外缘具由并列的模糊的弧形斑组成的宽横带；后翅暗褐色；雄蛾后足腿节背侧密生橙黄色刷状毛。卵：球形，直径0.6~0.7毫米，黑色。幼虫：体长50~80毫米，头部褐色，体乳白色，圆筒形，布有黄褐色瘤状突起。蛹：圆筒形，黄褐色。

发生规律　辽宁1年发生1代，少数2代，以卵在地面或以幼虫在枝干髓部越冬，翌年5月开始孵化，6月中旬在花木或杂草茎中危害，6~7月转移到附近木本寄主上，蛀食枝干。8月上旬开始化蛹，8月下旬至9月成虫羽化。成虫昼伏夜出，卵产在地面上越冬，每雌可产卵2000~3000粒。两年1代者幼虫翌年8月于被害处化蛹，9月成虫羽化。天敌有孢目白僵菌、柳蝙蛾小寄蝇等。

防治方法

农业防治　冬春季耕翻园地，将卵翻压至深层土壤，至幼虫不能正常孵化出土；及时清除园内杂草，集中深埋或烧毁；及时剪除被害虫枝。

生物防治　保护利用天敌。

化学防治　①地面施药。5~6月上旬幼虫孵化及低龄幼虫在地面活动期，地面喷洒40%辛硫磷乳油600~800倍液；45%马拉硫磷乳油或48%毒死蜱乳油800~1000倍液；2.5%溴氰菊酯乳油或20%氰戊菊酯乳油1500~2000倍液等2~3次，省工效果好。②枝干涂药。于幼虫上树前，树干上涂抹上述药液，毒杀上树幼虫。③虫孔注药。幼虫钻入枝干后，可用80%敌敌畏乳油50倍液及上述药液50~100倍液注入虫孔，每孔10~20毫升，注意不要注入太多，以能杀死幼虫药液被树体吸收为好，注多了容易造成烂干。

(42) **白囊蓑蛾**（图2-42-1至图2-42-6）

鳞翅目蓑蛾科。又名白囊袋蛾、白蓑蛾、白袋蛾、白避债蛾、棉条蓑蛾、橘白蓑蛾。

分布与寄主

分布　河南、江苏、安徽、上海、浙江、江西、福建、台湾、广东、广西、湖南、湖北、贵州、四川、云南等产区。

寄主　李、杏、石榴、桃、苹果、梨、柿、枣、栗、核桃、柑橘、梅、枇杷、油茶、茶、樱桃等。

危害特点　幼虫在护囊中咬食叶片、嫩梢或剥食枝干、果实皮层，造成寄主植物光秃。

形态诊断　成虫：雌体长9~16毫米，蛆状，足、翅退化，体黄白色至浅黄褐色微带紫色。头部小，暗黄褐色。触角小，突出；复眼黑色。各胸节及第一、二腹节背面具有光泽的硬皮板，其中央具褐色纵线，体腹面至第七腹节各节中央皆具紫色圆点1个，第三腹节后各节有浅褐色丛毛，腹部肥大，尾端瘦小似锥状。雄体长6~11毫米，翅展18~21毫米，浅褐色，密被白长毛，尾端褐色，头浅褐色，复眼黑褐色球形，触角暗褐色羽状；翅白色透明，后翅基部有白色长毛。卵：椭圆形，长0.8毫米，浅黄至鲜黄色。幼虫：体长25~30毫米，黄白色，头部橙黄至褐色，上具暗褐色至黑色云状点纹；胸节背面硬皮板褐色，中、后胸分成2块，上有黑色点纹；第八、九腹节背面具褐色大斑，臀板褐色。有胸足和腹足。蛹：黄褐色，雌体长12~16毫米，雄体长8~11毫米。蓑囊：灰白色，长圆锥形，长27~32毫米，丝质紧密，上具纵隆线9条，表面无枝和叶附着。

发生规律　1年发生1代，以低龄幼虫于蓑囊内在枝干上越冬。翌春寄主发芽展叶期幼虫开始危害，6月老熟化蛹。蛹期15~20天。6月下旬至7月羽化，雌虫仍在蓑囊里，雄虫飞来交配，产卵在蓑囊内，每雌产卵千余粒。卵期12~13天。幼虫孵化后爬出蓑囊，爬行或吐丝下垂分散传播，在枝叶上吐丝结蓑囊，常数头在叶上群居食害叶肉，随幼虫生长，蓑囊渐大，幼虫活动时携囊而行，取食时头胸部伸出囊外，受惊扰时缩回囊内，经一段时间取食便转至枝干上越冬。天敌有寄生蝇、姬蜂、白僵菌等。

防治方法

农业防治　结合园艺管理及时摘除蓑囊，碾压或烧毁。

生物防治　注意保护利用天敌。

化学防治　在7月5~20日前后，幼虫2~3龄期，虫囊长1厘米左右，采用90%晶体敌百虫或50%丙硫磷乳油1000倍液、或10%醚菊酯乳油1500倍液喷雾，防治效果达95%以上。

43　白星花金龟（图2-43-1至图2-43-4）

属鞘翅目花金龟科。又名白纹铜花金龟、白星花潜、白星金龟子、铜克螂。

分布与寄主

分布　全国各产区。

寄主　柿、桃、杏、苹果、李、柑橘、樱桃等果树。

危害特点　成虫主要危害花和果实，食花致花腐烂，果实近成熟时昼夜啃食果实，致果肉腐烂。幼虫俗称"蛴螬"，危害果树根系。

形态诊断　成虫：体长17~24毫米，宽9~12毫米，椭圆形，具古铜或青铜色光泽，体表散布众多不规则白绒斑；触角深褐色；前胸背板具不规则白绒斑；前胸背板后角与鞘翅前缘角之间有一个三角片甚显著；鞘翅宽大，近长方形，白绒斑多为横向波浪形；臀板短宽，每侧有3个白绒斑呈三角形排列。

发生规律　1年发生1代，以幼虫于土中越冬。成虫于5月上旬出现，6~7月为发生盛期，白天活动，有假死性，对酒醋味有趋性，飞翔力强，常群聚危害花、果，产卵于土中。幼虫多以腐败物为食，并危害根系。天敌有多种鸟类、深山虎甲、粗尾拟地甲、寄生蜂、寄蝇、寄生菌等。

防治方法　此虫虫源来自多方，应以消灭成虫为主。

农业防治　早、晚张网震落成虫捕杀之；果园施用腐熟有机肥，减少幼虫的发生。

生物防治　保护利用天敌。

物理防治　挂细口瓶捕杀。在距地面1~1.5米高的树枝上挂细口瓶，瓶里放入2~3个白星花金龟，引诱田间白星花金龟飞到瓶口附近爬行，并掉入瓶中，每亩挂瓶40~50个捕杀效果优异。

化学防治　成虫发生期树上喷洒52.25%蜱·氯乳油或50%杀螟硫磷乳油、45%马拉硫磷乳油1500倍液、48%哒嗪硫磷乳油1200倍液、20%甲氰菊酯乳油2000倍液。

㊹　阔胫赤绒金龟（图2-44-1至图2-44-4）

属鞘翅目鳃金龟科。又名阔胫鳃金龟。

分布与寄主

分布　东北、华北、黄淮等产区。

寄主　枣、樱桃、李、苹果、梨等果树。

危害特点　主要以成虫食害果树的蕾花、嫩芽和叶。

形态诊断　成虫：体长约8毫米。全体赤褐色有光泽，密生绒毛。鞘翅布满纵列隆起纹。

发生规律　1年发生1代，以成虫在土中越冬。6月在果树根系周围土中产卵。成虫有假死性和趋光性，昼伏夜出，晚上取食危害。天敌有红尾伯劳、灰山椒鸟、黄鹂等益鸟和朝鲜小庭虎甲、深山虎甲、粗尾拟地甲及寄生蜂、寄生蝇、寄生菌等。

防治方法 此虫虫源来自多方面，特别是荒地虫量最多，故应以消灭成虫为主。

农业防治 早、晚张网震落成虫，捕杀之。

生物防治 保护利用天敌。

化学防治 ①地面施药，控制潜土成虫。于早晨成虫入土后或傍晚成虫出土前，地面撒施5%辛硫磷颗粒剂每亩3千克，或每亩用50%辛硫磷乳油0.3～0.4千克加细土30～40千克拌成的毒土撒施；或50%辛硫磷乳油500～600倍液均匀喷于地面。使用辛硫磷后及时浅耙，提高防效。②树上施药。成虫发生期，喷洒52.25%蜱氯乳油或50%杀螟硫磷乳油、45%马拉硫磷乳油、48%毒死蜱乳油1500倍液、2.5%溴氰菊酯乳油2000～3000倍液、10%醚菊酯乳油800～1000倍液等。

45 铜绿金龟（图2-45-1至图2-45-4）

属鞘翅目丽金龟科。又名铜绿丽金龟、淡绿金龟子、青金龟子，俗称铜克螂、金克螂、瞎碰等。

分布与寄主

分布 全国除新疆、西藏、青海等少数产区未见报道外，其他产区均有分布。

寄主 梨、山楂、核桃、樱桃、板栗、杏、石榴、苹果、葡萄、柑橘等果树。

危害特点 成虫食害叶、芽及花器，食叶成孔洞或缺刻，顶芽被害后，主茎停止生长；花器受害易脱落。幼虫危害地下组织。

形态诊断 成虫：体长15～18毫米，宽8～10毫米，体铜绿色；头部较大，深铜绿色；触角9节鳃叶状；前胸背板发达闪光绿色；鞘翅为黄铜绿色，有光泽，并有不甚明显隆起带；胸部腹板黄褐色有细毛；腹部米黄色，雌虫腹面乳白色。卵：椭圆形，2.3毫米×2.2毫米，乳白色。幼虫：体长32毫米左右，头黄褐色，体乳白色，通称"蛴螬"。蛹：体长22～25毫米，淡黄色。

发生规律 1年发生1代，以幼虫在土内越冬。翌春3月上到表土层，5月化蛹，6月上旬至7月中旬成虫危害盛期，危害期40天左右。6月下旬至7月中旬产卵，卵多散产在4～14厘米土层中，卵期7～13天，6月中旬至7月下旬幼虫孵化，危害至深秋下移至深土层越冬。成虫昼伏夜出，飞翔力强，有较强的趋光性和假死性，晚上交尾产卵食叶危害，白天潜伏土中，喜欢栖息在深度7厘米左右疏松潮湿的土壤里。幼虫在土壤中钻蛀，危害地下根部。

防治方法

农业防治　冬前耕翻园地，利用冰冻、日晒、鸟食消灭越冬幼虫。成虫发生期于傍晚摇动树枝，下铺布单或塑料薄膜震落成虫捕杀之。

物理防治　用黑光灯诱杀。

化学防治　基肥里全面喷洒50%辛硫磷乳油或20%辛·阿乳油、20%甲氰菊酯乳油1000~1500倍液等，搅拌混匀，触杀幼虫。成虫发生危害期，叶面喷洒15%辛·阿乳油或90%晶体敌百虫800~1000倍液、10%氯氰菊酯乳油1500~2000倍液、5%顺式氰戊菊酯乳油2000~3000倍液等触杀成虫。

46　大黑鳃金龟（图2-46-1，图2-46-2）

属鞘翅目鳃金龟科。又名朝鲜黑金龟子。

分布与寄主

分布　东北、华北、黄淮及华东等产区。

寄主　樱桃、苹果、李、梨、杏、核桃等多种果树。

危害特点　成虫食害嫩芽、叶及花；幼虫危害地下组织。

形态诊断　成虫：体长椭圆形，长17~21毫米，宽8.4~11毫米，体黑至黑褐色，具光泽，触角鳃叶状；前胸背板宽约为长的2倍，两鞘翅表面均有4条纵肋，上密布刻点；各足均具爪1对。卵：椭圆形，长3毫米，初乳白渐变黄白色。幼虫：俗称蛴螬，体长35~45毫米，头部黄褐至红褐色，体乳白色，疏生刚毛。蛹：体长20~24毫米，初乳白渐变黄褐至红褐色。

发生规律　北方地区1~3年发生1代，以成虫或幼虫在土中或农家肥中越冬。翌年春10厘米土温达13~16℃时，越冬成虫开始出土，5月中旬至6月中旬为盛期，8月为末期。成虫白天潜伏土中，晚上活动，有趋光性和假死性。6~7月为产卵盛期，卵期10~22天，幼虫期340~400天，蛹期10~28天。土壤湿润利于幼虫活动，尤其阴雨连绵天气危害重。

防治方法　此虫虫源来自多方面，特别是荒地虫量最多，故应以消灭成虫为主。

农业防治　早、晚张网震落成虫，捕杀之。

生物防治　保护利用天敌。

物理防治　成虫发生期利用黑光灯诱杀成虫。

化学防治　①地面施药，控制潜土成虫。常用药剂有5%辛硫磷颗粒剂每亩3千克撒施；50%辛硫磷乳油每亩0.3~0.4千克加细土30~40千克拌匀成毒土撒施，或稀释500~600倍液均匀喷于地面或喷于农家肥中搅拌均匀。土壤使用辛硫磷后应及时浅耙，使药土混匀提高防效。②树上施药。成虫发生盛期，喷洒52.25%蜱氯乳油或50%杀螟硫磷乳油、45%马拉硫磷乳油、50%二嗪磷乳油

1500倍液；或2.5%溴氰菊酯乳油2000~3000倍液等。

47　八点广翅蜡蝉（图2-47-1至图2-47-3）

属同翅目广翅蜡蝉科。又名八点蜡蝉、八点光蝉、八斑蜡蝉、橘八点光蝉、咖啡黑褐蛾蜡蝉、黑羽衣、白雄鸡。

分布与寄主

分布　全国多数产区。

寄主　樱桃、柿、桃、杏、石榴、柑橘等果树。

危害特点　成虫、若虫刺吸嫩枝、芽、叶汁液；排泄物易引发病害；雌虫产卵时将产卵器刺入嫩枝茎内，破坏枝条组织，被害嫩枝轻则叶枯黄、长势弱，难以形成叶芽和花芽，重则枯死。

形态诊断　成虫：体长6~7毫米，翅展18~27毫米，头胸部黑褐色；触角刚毛状；翅革质，密布纵横网状脉纹，前翅宽大，略呈三角形，翅面被稀薄白色蜡粉，翅上具灰白色透明斑5~6个；后翅半透明，翅脉煤褐色明显，中室端有1白色透明斑。卵：长卵圆形，长1.2~1.4毫米，乳白色。若虫：低龄乳白色；成龄体长5~6毫米，宽3.5~4毫米，体略呈钝菱形，暗黄褐色；腹部末端有4束白色绵毛状蜡丝，呈扇状伸出，中间一对略长；蜡丝覆于体背以保护身体，常可作孔雀开屏状，向上直立或伸向后方。

发生规律　1年发生1代，以卵在当年生枝条里越冬。若虫5月中下旬至6月上中旬孵化，低龄若虫常数头排列于一嫩枝上刺吸汁液危害，4龄后散害于枝梢叶果间，爬行迅速善于跳跃，若虫期40~50天。7月上旬成虫羽化，飞行力较强且迅速，寿命50~70天，危害至10月。成虫产卵期30~40天，卵产于当年生嫩枝木质部内，产卵孔排成一纵列，孔外带出部分木丝并覆有白色絮状蜡丝，极易发现与识别。成虫有趋聚产卵的习性，虫量大时被害枝上刺满产卵迹痕。

防治方法

农业防治　冬春剪除被害产卵枝集中烧毁，减少来年虫源。

化学防治　虫量多时，于6月中旬至7月上旬若虫羽化危害期，喷洒48%哒嗪硫磷乳油1000倍液或10%吡虫啉可湿性粉剂3000~4000倍液、5%氟氯氰菊酯乳油2000~2500倍液等。药液中加入含油量0.3%~0.4%的柴油乳剂或黏土柴油乳剂，可溶解虫体蜡粉显著提高防效。

48　黑蝉（图2-48-1至图2-48-8）

属同翅目蝉科。又名蚱蝉，俗名蚂吱嘹、知了、蜘蟟。

分布与寄主

分布　全国各产区。

寄主　山楂、柿、枣、桃、梨、杏、石榴、苹果、核桃、板栗、柑橘、樱桃等上百种果树和林木。

危害特点　成虫刺吸枝条汁液，并产卵于一年生枝条木质部内，造成枝条枯萎而死。若虫生活在土中，刺吸根部汁液，削弱树势。

形态诊断　成虫：雌体长40~44毫米，翅展122~125毫米；雄体长43~48毫米，翅展120~130毫米；体黑色有光泽，被金色绒毛；中胸背板宽大，中间高并具有"×"形隆起；翅透明；雄虫腹部有鸣器，作"吱"声而鸣，雌虫则无，但有听器。卵：长椭圆形，2.5毫米×0.5毫米，白色。若虫：初孵乳白色，渐至黄褐色，体长30~37毫米；前足开掘式，能爬行。

发生规律　经4~5年完成1代，以卵于被害树枝内及若虫于土中越冬。越冬卵于翌年春孵化，若虫孵化后，潜入土壤中50~80厘米深处，吸食树木根部汁液，在土中生活12~13年。若虫老熟后于6~8月出土羽化，羽化盛期为7月。若虫于夜间出土，高峰时间为20：00~24：00，出土后不久即羽化为成虫。成虫寿命60~70天，栖息于树枝上，夜间有趋光扑火的习性，白天"吱吱"鸣叫之声不绝于耳。产卵于当年生嫩梢木质部内，产卵带长达30厘米左右，产卵伤口深及木质部，受害枝条干缩翘裂并枯萎。

防治方法

农业防治　利用若虫出土附在树干上羽化的习性和若虫可食的特点，发动群众于夜晚捕捉食用。成虫发生期于夜间在园内、外堆草点火，同时摇动树干诱使成虫扑火自焚。在雌虫产卵期，及时剪除产卵萎蔫枝梢，集中烧毁。

化学防治　产卵后入土前，喷洒40%辛硫磷乳油或45%马拉硫磷乳油、50%丙硫磷乳油1000倍液、2.5%溴氰菊酯乳油或10%氯菊酯乳油2000倍液等。

㊾ 草履蚧（图2-49-1至图2-49-7）

属同翅目绵蚧科。又名柿草履蚧、草履硕蚧、草鞋介壳虫。

分布与寄主

分布　全国各产区。

寄主　山楂、柿、桃、樱桃、杏、石榴、苹果、柑橘等果树、林木、花卉。

危害特点　若虫和雌成虫刺吸嫩枝芽、叶、枝干和根的汁液，削弱树势，重者致树枯死。

形态诊断　成虫：雌体长10毫米，扁平椭圆，背面隆起似草鞋，体背淡灰紫色，周缘淡黄，体被白蜡粉和许多微毛；触角黑色丝状；腹部8节，腹部有横皱褶和纵沟；雄体长5~6毫米，翅展9~11毫米，头胸黑色，腹部深紫红色，触角黑色念珠状；前翅紫黑至黑色，后翅特化为平衡棒。卵：椭圆形，长1~1.2毫米，淡黄褐色，卵囊长椭圆形，白色绵状。若虫：体形与雌成虫相似，体小色深。雄蛹：褐色，圆筒形，长5~6毫米。

发生规律 1年发生1代，以卵和若虫在土缝、石块下或10~12厘米土层中越冬。卵于2~3月上旬孵化为若虫并出土上树，初多于嫩枝、幼芽上危害，行动迟缓，喜于皮缝、枝叉等隐蔽处群栖，稍大喜于较粗的枝条阴面群集危害；雌若虫5月中旬至6月上旬羽化，危害至6月陆续下树入土分泌卵囊，产卵于其中，以卵越夏越冬。天敌有红环瓢虫、暗红瓢虫等。

防治方法

农业防治 雌成虫下树产卵前，在树干基部挖坑，内放杂草等诱集产卵，后集中处理。阻止初龄若虫上树。若虫上树前将树干老翘皮刮除10厘米宽1周，上涂胶或废机油，隔10~15天涂1次，涂2~3次，注意及时清除环下的若虫。树干光滑者可直接涂。

生物防治 保护利用自然天敌。

化学防治 若虫发生期喷洒48%哒嗪硫磷乳油1500倍液或50%辛硫磷乳油1000倍液、2.5%溴氰菊酯乳油2000倍液、5%顺式氰戊菊酯乳油2000~3000倍液。隔7~10天1次，连续防治3~4次。

50 杏球坚蚧（图2-50-1，图2-50-2）

属同翅目蜡蚧科。又名朝鲜球蚧、朝鲜球坚蜡蚧、朝鲜毛坚蚧、杏毛球坚蚧、桃球坚蚧。

分布与寄主

分布 全国各产区。

寄主 樱桃、杏、桃、李、苹果、梨等果树。

危害特点 以若虫和雌成虫危害枝条为主，初孵若虫也危害叶片和果实，吸食寄主汁液，致被害树生长不良，树势衰弱。

形态诊断 成虫：雌成虫无翅，介壳半球形，质硬，呈红褐色至紫褐色，表面有明显皱纹，横径约4.5毫米，高约3.5毫米；雄成虫有翅1对，透明；头部赤褐色，腹部淡褐色，末端有1对尾毛和1根性刺；介壳长椭圆形，背面有龟甲状隆起。卵：椭圆形，长约0.3毫米，橙黄色。若虫：长椭圆形，初孵化时红色，越冬若虫椭圆形背上有龟甲状纹，浓褐色。蛹：仅雄虫有裸蛹，长约1.8毫米，赤褐色，蛹外包被长椭圆形茧。

发生规律 1年发生1代，以2龄若虫群集在枝条裂缝和芽痕处越冬。翌年3月上旬开始危害，4月中旬，雌雄性别分化，雄虫做茧化蛹，雌虫继续危害。4月下旬至5月上旬雄成虫羽化交尾后死亡。5月中旬雌虫产卵于介壳下面，5月下旬至6月上旬若虫孵化危害，以2年生枝上居多，虫体上常分泌白色蜡质绒毛。10月中旬后，若虫转移到芽痕和大枝的缝隙处，以2龄若虫在其分泌的蜡质物下越冬。

防治方法

农业防治 在成虫产卵前，用抹布或戴上硬质手套将枝条上的雌虫介壳捋掉。

化学防治 ①果树发芽前防治越冬若虫，干枝上喷洒5波美度石硫合剂或合成洗衣粉200倍液、5%柴油乳剂、或99%绿颖乳油（机油乳剂）50~80倍液。②5月下旬至6月上旬若虫孵化期，喷洒90%晶体敌百虫1000倍液或合成洗衣粉300倍液、48%哒嗪硫磷乳油2000倍液、52. 25%蜱氯乳油2000倍液、25%噻嗪酮可湿性粉剂1000倍液等。

51 康氏粉蚧（图2-51-1至图2-51-5）

属同翅目粉蚧科。又名梨粉蚧、李粉蚧、桑粉蚧。

分布与寄主

分布 全国各产区。

寄主 樱桃、柿、枣、石榴、苹果、梨、桃、柑橘等果树。

危害特点 成虫、若虫刺吸植物的幼芽、嫩枝、叶片、果实和根部的汁液；嫩枝和根部受害常肿胀且易纵裂而枯死；幼果受害多成畸形果。排泄物常引发煤污病的发生，影响光合作用。

形态诊断 成虫：雌体长3~5毫米，扁平椭圆形，体粉红色，表面被有白色蜡质物，体缘具有17对白色蜡丝，体前端的蜡丝较短，后端稍长，而最末一对特长，几乎与体长相等；雄成虫体长约1毫米，紫褐色，翅透明仅1对，翅展约2毫米，后翅退化成平衡棒。卵：椭圆形，长约0. 3毫米，浅橙黄色。若虫：体扁平椭圆形，长约0. 4毫米，淡黄色，外形似雌成虫。蛹：仅雄虫有蛹期，浅紫色。

发生规律 黄淮地区1年发生3代。以卵在树干、枝条粗皮缝隙或石缝土块中以及其他隐蔽场所越冬。翌年春果树发芽时，越冬卵孵化成若虫开始危害幼嫩部分。第一代若虫发生在5月中下旬，第二代若虫发生在7月中下旬，第三代在8月下旬。雌成虫在枝干粗皮裂缝内或果实萼筒柄洼等处产卵，有的将卵产在土内。在产卵时，雌成虫分泌大量似絮状蜡质卵囊，卵即产在卵囊内，数十粒集中成块。天敌有草蛉、瓢虫等。

防治方法

农业防治 在晚秋树干束草或绑扎破麻袋，诱雌成虫产卵，翌年春卵孵化

之前将草束等物取下烧毁。冬春季刮树皮或用硬毛刷子刷除越冬卵，集中烧毁或深埋。

生物防治 可人工饲养和释放捕食性草蛉、瓢虫等天敌。

化学防治 早春喷施5%轻柴油乳剂或3~5波美度的石硫合剂；在各代若虫孵化期喷洒5%氟虫脲乳油1200倍液或90%晶体敌百虫1500倍液，50%杀螟硫磷乳油或10%醚菊酯乳油1000倍液。

52 桑白蚧（图2-52-1至图2-52-3）

属同翅目盾蚧科。又名桑盾蚧、桑介壳虫、桑蚧、桃介壳虫。

分布与寄主

分布 全国各产区。

寄主 樱桃、柿、桃、杏、李等核果类果树。

危害特点 若虫和雌成虫群集在枝干上刺吸汁液，被害枝条被虫体覆盖呈灰白色，也危害果、叶。削弱树势，重者致树枯死。

形态诊断 成虫：雌虫无翅，体长0.9~1.2毫米，淡黄色至橙黄色；介壳近圆形，直径2~2.5毫米，灰白色至黄褐色；雄虫只有1对灰白色前翅，体长0.6~0.7毫米，翅展约1.8毫米；介壳白色细长，长1.2~1.5毫米。卵：椭圆形，橘红色。若虫：淡黄褐色，扁椭圆形，常分泌绵毛状物盖在体上。蛹：仅雄虫有，长椭圆形，长约0.7毫米，橙黄色。

发生规律 1年发生2~5代，北方2代，浙江3代，广东5代，均以受精雌成虫在2年生以上的枝条上群集越冬。翌春果树萌芽时，越冬成虫开始危害，4月下旬至5月中旬产卵，5月中下旬初孵若虫分散爬行到枝条背阴处取食，并固贴在枝条上分泌绵毛状蜡丝，形成介壳，第1代若虫期40~50天，6月下旬至7月上中旬第一代成虫羽化，成虫继续产卵于介壳下，卵期10天左右。第二代若虫发生在8月，若虫期30~40天，9月出现雄成虫，雌虫危害至9月下旬后越冬。天敌主要有红点唇瓢虫等。

防治方法

农业防治 冬春季枝条上的雌虫介壳很明显，可用硬毛刷等刷掉越冬雌虫或剪除虫体较多的辅养枝，刷后石灰水涂干。

化学防治 ①冬前及春季果树发芽前，用5~7波美度石硫合剂涂刷枝条或喷雾，或用5%柴油乳剂或99%绿颖乳油（机油乳剂）50~80倍液喷雾消灭越冬雌成虫。②5月中下旬若虫孵化期，用48%哒嗪硫磷乳油或52.25%蜱·氯乳油、10%氯氰菊酯乳油2000倍液、25%噻嗪酮可湿性粉剂1000~1500倍液、50%杀螟硫磷乳油1000倍液等喷雾。

53 桃小蠹（图2-53-1至图2-53-4）

属鞘翅目小蠹科。又名多毛小蠹。

分布与寄主

分布　长江以北产区。

寄主　桃、樱桃、杏、李、梨等果树。

危害特点　成虫、幼虫蛀食枝、干韧皮部和木质部，蛀道于其间。母坑道单纵向长约4厘米，子坑道密集于母坑道两侧，长4~5厘米。常造成枝干枯死。

形态诊断　成虫：体长2.7~4.5毫米，体黑色，鞘翅暗褐色有光泽，头短小，触角锤状，体密布细刻点，鞘翅上有较浅的纵刻点列，腹部末端腹面斜截形；雄虫第七背板有1对大刚毛。卵：圆形乳白色，长约1毫米。幼虫：体长4~5毫米，乳白色，略向腹面弯，无足，头较小黄褐色。蛹：长2.7~4.5毫米，乳白至黑色。

发生规律　1年发生1代，以幼虫在坑道内越冬。翌春老熟于子坑道端并蛀圆筒形蛹室化蛹。羽化后咬圆形羽化孔爬出。6月间成虫出现并交配，多选择衰弱的枝干上蛀入皮层，在韧皮部与木质部间蛀纵向母坑道，并产卵于母坑道两侧。孵化后的幼虫分别在母坑道两侧横向蛀子坑道，略呈"非"字形，初期互不相扰近于平行，随虫体增长，坑道弯曲混乱交错。加速枝干死亡。秋后以幼虫于坑道端越冬。

防治方法

农业防治　加强管理，增强树势；彻底剪除有虫枝和衰弱枝，集中处理；成虫出树前，田间放置半枯死或整枝剪掉的树枝，诱集成虫产卵，产卵后集中处理，均可减少发生与危害。

化学防治　①成虫羽化初期，枝干上涂刷高效低毒杀虫剂，如50%马拉硫磷乳油或菊酯类药剂200~300倍液，触杀成虫效果良好。②成虫出树后产卵前，树上喷洒50%辛硫磷乳油1000倍液、50%马拉硫磷乳油或20%氰戊菊酯乳油2000倍液，毒杀成虫效果良好。枝干涂药或喷雾均隔15天一次，连续2~3次即可。

54 咖啡木蠹蛾（图2-54-1至图2-54-3）

鳞翅目木蠹蛾科。又名咖啡豹蠹蛾、咖啡黑点木蠹蛾。

分布与寄主

分布　广东、江西、福建、台湾、浙江、江苏、上海、陕西、河南、山东、安徽、湖北、湖南、四川、云南等地。

寄主　石榴、核桃、苹果、梨、葡萄、柿、樱桃、番石榴、荔枝、龙眼、柑橘、咖啡、木麻黄、枫杨、悬铃木、黄檀、玉米、棉花等24科32种以上农林果植物。

危害特点 幼虫蛀入枝条嫩梢，致蛀孔以上的枝干枯死，遇风折断，幼树主茎受害后，树干短小，易生侧枝。

形态诊断 成虫：雌虫体长12~26毫米，翅展30~50毫米；雄虫较雌虫体小。体灰白色，具青蓝色斑点。雌虫触角丝状，雄虫触角基半部羽状，端半部丝状，触角黑色，上具白色短绒毛。复眼黑色，口器退化。胸部具白色长绒毛，中胸背板两侧有3对由青蓝色鳞片组成的圆斑；翅灰白色，翅脉间密布大小不等的青蓝色短斜斑点，外缘有8个近圆形的青蓝色斑点。胸足被黄褐色与灰白色绒毛，胫节及跗节为青蓝色鳞片覆盖。雄虫前足胫节内侧着生一个比胫节略短的前胫突。腹部被白色细毛。第三至七节背面及侧面有5个青蓝色毛斑组成的横裂。第八腹节背面则几乎为青蓝色鳞片所覆盖。卵：椭圆形，长0.9毫米，杏黄色或淡黄白色，孵化前为紫黑色。卵壳薄，表面无饰纹，成块状紧密黏结于枯枝虫道内。幼虫：初孵幼虫体长1.5~2毫米，紫黑色；老熟幼虫体长30毫米左右；头橘红色，头顶、上颚及单皮区域黑色；较硬，后缘有锯齿状小刺一排，中胸至腹部各节有成横排的黑褐色小颗粒状隆起。蛹：长圆筒形，雌蛹长16~27毫米，雄蛹长14~19毫米，褐色。蛹的头端有一尖的突起，色泽较深；腹部第三至九节的背侧面及腹面，有小刺列，腹部末端有6对臀棘。

发生规律 在长江流域以北地区1年发生1代，长江以南1年发生1~2代。2代地区，第一代成虫期在5月上中旬至6月下旬，第二代在8月初至9月底。以幼虫在被害枝条的虫道内越冬，翌年3月中旬开始取食，4月中下旬至6月中下旬化蛹，5月中旬成虫羽化，7月上旬结束，5月底6月上旬果园可见到初孵幼虫。幼虫越冬后在被害枯枝内继续取食或转枝危害，转枝率达48%。正在生长的枝条若被蛀害，新叶及嫩梢很快枯萎，症状非常明显。老熟幼虫在化蛹前，咬透虫道壁的木质部，在皮层上预筑一近圆形的羽化孔盖，孔盖边缘与树皮略为分离；在孔盖下方8毫米处，幼虫另咬一直径约2毫米的小孔与外界相通；在羽化孔盖与小孔之间，幼虫吐丝缀合木屑将虫道堵塞，并做成一斜向的羽化孔道，在羽化孔上方幼虫用丝和木屑封隔虫道，筑成蛹室，蛹室长20~30毫米。准备化蛹的幼虫，头部朝下经3~5天蜕皮化蛹，蛹期13~37天。羽化前，蛹体借腹部的刺列向羽化孔口蠕动，顶破蛹室丝网及羽化孔盖半露于羽化孔外，羽化后蛹壳留在羽化孔口，长久不落。成虫全天均可羽化，以10：00、15：00及20：00~22：00羽化最多。5月下旬成虫羽化盛期。成虫白天静伏不动，黄昏后开始活动，雄蛾飞翔能力较强，趋光性弱。成虫多数在20：00~23：00交尾。雌虫交尾后1~6小时产卵，产卵历期1~4天。单雌产卵244~1132粒，卵产于树皮缝、旧虫道内或新抽嫩梢上或芽腋处，单粒散产。成虫寿命1~6天。卵期9~15天。幼虫孵化后，吐丝结网覆盖卵块，群集于丝幕下取食卵壳。孵化后2~3天扩散，在果园，幼虫呈片状分布。在石榴等植物上，多自嫩梢顶端几个腋芽处蛀入，虫道向上。蛀入后1~2天，蛀孔以上的叶柄凋萎、干枯，并常在蛀孔处折断。取食4~5天后，幼虫钻出，向下转移至新梢，仍由腋芽处蛀入，此时危害症状逐渐明显，6~7月间当幼虫向下部2年生枝条转移危害时，因气温升高，枝条枯死速度加快，林间枝梢被害状异常明显。幼虫蛀入枝条后在木质部与韧皮部之间绕枝条蛀一环，由于输导组织被破坏，枝条很快枯死，幼虫在枯枝内向上取食筑道，每遇大风，被害枝条常在蛀环处折断。幼虫在10月下旬、11月初停止取食，在蛀道内吐丝缀合虫粪、木屑封闭两端静伏越冬。越冬幼虫天敌有：小茧蜂、蚂蚁、串珠镰刀菌和病毒。

防治方法

农业防治　及时剪除该虫危害的小枝并烧毁。

生物防治　保护和利用天敌。小茧蜂在越冬后的幼虫体上可连续繁殖2代，在捡、拾有虫枝条内，常有一定数量寄生蜂，将虫枝分捆立于林地内，让蜂自然扩散，待5月上旬害虫化蛹后，收集虫枝烧毁，消灭虫枝中害虫。

化学防治　在卵孵化盛期，初孵幼虫蛀入枝、干危害前，喷洒3%乙酰甲胺磷或50%二嗪磷乳油1000~1500倍液，能收到良好的杀虫效果。在幼虫初蛀入韧皮部时，用40%毒死蜱柴油液（1：9），或50%二嗪磷乳油柴油溶液涂虫孔，杀虫率可达100%。

55　六星黑点蠹蛾（图2-55-1至图2-55-3）

属鳞翅目木蠹蛾科。又名白背斑蠹蛾、栎干蠹蛾、枣树截干虫、胡麻布蠹蛾、豹纹蠹蛾。

分布与寄主

分布　华东、华中、华南及西南等产区。

寄主　樱桃、柿、桃、枣、石榴、苹果等果树。

危害特点　幼虫蛀入枝干皮层和髓心部危害，致受害处以上枝条生长衰弱，重者枯死，对树体生长和开花结果影响较大。

形态诊断　成虫：雌蛾体长18~30毫米，翅展33~46毫米，体被灰白色鳞片；触角丝状；胸背具近圆形黑斑6个；前翅有10个椭圆形黑斑点，后翅前半部也布较小黑斑；腹部赤褐色，每节均生宽的黑横带，腹部各节有3块黑斑。雄蛾体长18~23毫米，触角双栉齿状，其他特征与雌蛾类似。卵：长椭圆形，长0.9~1毫米，浅黄色。幼虫：体长35~65毫米，头部黑色，大颚黑色发达，前胸板、臀板黄褐至黑褐色；前胸背板前缘有一横脊状突起；胸部浅黄色，背部浅红色，各节具小黑点数个。蛹：长15~29毫米，浅红褐色。

发生规律　多数地区1年发生1代，河南2年完成1代，以幼虫在受害枝干内越冬。陕西4月中旬化蛹，5月中下旬成虫羽化产卵。河南翌年5~6月幼虫在隧道内化蛹，成虫7月羽化。成虫趋光性强，卵多成堆产在中龄枝干树皮上，每堆100~300粒，卵期15天左右。初孵幼虫爬行迅速，受惊吐丝下垂。幼虫从幼嫩枝芽腋处蛀入枝条髓心处危害，从尖端分段下移，大龄幼虫蛀害木质部及髓心部分，常导致枝干萎蔫枯死，果实脱落。老熟幼虫在隧道里做茧化蛹。羽化时，从羽化孔伸出半截蛹体羽化，蛹皮留在羽化孔处。

防治方法

农业防治 幼虫化蛹至羽化前，及时剪掉干枯的枝条，2~7月发现园内有枯黄枝叶也应及时剪除，集中烧毁。坚持2年可基本控制其危害。

生物防治 保护和利用天敌。小茧蜂在越冬后的幼虫体上可连续繁殖2代，在捡拾有虫枝条内，常有一定数量寄生蜂，将虫枝分捆立于林地内，让蜂自然扩散，待5月上旬害虫化蛹后，收集虫枝烧毁，消灭虫枝中害虫。

化学防治 在卵孵化盛期，初孵幼虫蛀入枝、干危害前，喷洒3%乙酰甲胺磷或50%杀螟硫磷乳油1000~1500倍液，能收到良好的杀虫效果。在幼虫初蛀入韧皮部时，用40%毒死蜱柴油液（1∶9），或50%杀螟硫磷乳油柴油溶液涂虫孔，杀虫率可达100%。

56 桃红颈天牛（图2-56-1至图2-56-5）

属鞘翅目天牛科。又名红颈天牛、铁炮虫、哈虫。

分布与寄主

分布 全国多数产区。

寄主 柿、桃、杏、樱桃、苹果、柑橘等核果类果树。

危害特点 幼虫于韧皮部和木质部间蛀食，向下弯曲隧道，内有粪屑，长达50~60厘米，隔一定距离向外蛀1排粪孔，致树势衰弱或枯死。

形态诊断 成虫：体长28~37毫米，体黑蓝有光泽，触角丝状11节，超过体长，前胸中部棕红色，背面具瘤状突起4个，侧刺突端尖锐，鞘翅基部宽于胸部，后端略窄，表面光滑。卵：长椭圆形，长6~7毫米，乳白色。幼虫：体长42~50毫米，黄白色，前胸背板横长方形，前半部横列黄褐色斑块4个，背面2个横长方形；后半部色淡有纵皱纹。蛹：长26~36毫米，淡黄白至黑色。

发生规律 2~3年1代，以各龄幼虫越冬。寄主萌动后开始危害。成虫发生期南方5月下旬、北方7月上中旬至8月中旬盛发。成虫羽化后3~5天即产卵于距地面35厘米以内树皮裂缝中，卵期7~9天。幼虫孵化后先蛀入韧皮部与木质部之间危害，虫体长大后才蛀入木质部危害，多由上向下蛀食成30~60厘米长的弯曲隧道，可达主根分叉处，隔一定距离向外蛀一排粪孔，粪屑堆积地面或枝干上。

幼虫期23～35个月，经2～3个冬天始老熟化蛹，蛹期17～30天。天敌有肿腿蜂等。

防治方法

农业防治　成虫发生期白天进行捕杀；幼虫孵化后检查枝干，发现新排粪孔时，用铁丝刺到隧道底部，上下反复几次，刺杀幼虫；及时清除死树和死枝，消灭虫源。在树干上涂刷石灰硫黄混合涂白剂（生石灰10份、硫黄1份、水40份）防止成虫产卵。

生物防治　保护利用天敌。

化学防治　6～9月份发现排粪孔后，初期可用50%丙硫磷乳油10～20倍液涂抹排粪孔；防治晚时可先清除其中的粪便、木屑，然后塞入蘸有40%辛硫磷乳油10～20倍液的棉球或药泥，杀虫效果均良好。

57　光肩星天牛（图2-57-1至图2-57-5）

属鞘翅目天牛科。又名光肩天牛、柳星天牛、花牛等。

分布与寄主

分布　全国各产区均有发生。

寄主　樱桃、杏、苹果、梨、李、梅等果树。

危害特点　成虫食叶、芽和嫩枝的皮；幼虫于枝干的皮层和木质部内向上蛀食，隧道内有粪屑，削弱树势，重者致干或枝枯死。

形态诊断　成虫：体长17.5～39毫米，宽5.5～12毫米，体黑色略带紫铜色金属光泽；触角丝状，呈黑、淡蓝相间的花纹；鞘翅基部光滑，表面各具20多个大小不等的白色毛斑；头部和体腹面被银灰和蓝灰色细毛。卵：长椭圆形，长5.5～7毫米，淡黄色。幼虫：体长50～60毫米，头大部分缩入前胸内，外露部分深褐色，体乳白至淡黄白色。蛹：长20～40毫米，黄褐色。

发生规律　南方1年发生1代，北方2～3年1代。均以幼虫于虫道内越冬，寄主萌动后开始危害。幼虫老熟后于5月下旬在隧道内化蛹，6月上中旬成虫羽化。成虫多产卵于直径4～5厘米的枝干上，产卵前先咬一圆形刻槽，产卵于刻槽上方1厘米处的木质部和韧皮部之间。卵期16天左右，初孵幼虫就近蛀食。8月中旬开始蛀入木质部，向上蛀食隧道，由排粪孔排出大量白色粪屑并有树汁流出。10月下旬后于隧道内越冬。成虫发生期6～10月，寿命1～2个月，白天活动。

防治方法

农业防治　①捕杀成虫，于4月下旬至6月下旬，在果园中捕杀成虫。②铲除卵及初孵幼虫，于5～6月产卵盛期，在树干基部10厘米范围内检查“T”形或“┌”形产卵痕，用螺丝刀刮除卵粒或初孵幼虫。

化学防治 ①消灭低龄幼虫。于7~8月，用20%辛·阿维乳油50~100倍液或50%辛·溴乳油100~150倍液等涂抹树干基部，可杀灭在树皮蛀食的低龄幼虫。②毒杀高龄幼虫。对已蛀入木质部的幼虫，可向虫孔注入药液或用棉球蘸药塞入所有虫孔毒杀，药剂可用2%阿维菌素乳油或40%毒死蜱乳油、40%辛硫磷乳油、20%氰戊菊酯乳油50~100倍液等，注（塞）药后用泥封好蛀孔。

58 海棠透翅蛾（图2-58-1至图2-58-3）

鳞翅目透翅蛾科。

分布与寄主

分布　吉林、辽宁、河北、陕西、山西等地。

寄主　海棠、樱桃、桃、苹果、山楂、李、梨、梅等。

危害特点　幼虫多于枝干分叉处和伤口附近皮层下食害韧皮部，蛀成不规则的隧道，有的可达木质部，被害处有黏液流出呈水珠状，后变黄褐并混有虫粪，轻者削弱树势，重者致枝条或全株死亡。

形态诊断　成虫：体长10~14毫米，翅展19~26毫米，全体蓝黑色有光泽；头顶被厚鳞，头基部具黄色鳞毛；触角丝状，雄触角上密生栉毛；胸部两侧有黄鳞斑；翅透明，翅缘和脉黑色；第二、四腹节背面后缘各具一黄带，有时第一、三、五腹节也有很细的黄带但多不明显；雌尾部有两簇黄白色毛丛，雄尾部有扇状黄毛。卵：扁椭圆形，长0.5毫米，表面生六角形白色刻纹，初乳白渐变黄褐色。幼虫：体长22~25毫米，头褐色，胴部乳白至淡黄色，背面微红，各节背侧疏生细毛，头及尾部较长。蛹：长约15毫米，黄褐色，腹末环生8个臀棘。

发生规律　1年发生1代，多以中龄幼虫于隧道里结茧越冬。萌芽时活动危害，排出红褐色成团的粪便。一般位于主侧枝上的幼虫发育快而肥大，而位于主干上的幼虫发育慢而瘦小。老熟时先咬圆形羽化孔、不破表皮，然后于孔下做长椭圆形茧化蛹。河北4月末至7月下旬化蛹，有2个高峰：6月上旬和7月上旬，蛹期10~15天。羽化期为5月中旬至8月上旬，亦有2个高峰：6月中旬和7月中旬。羽化时蛹壳带出孔外1/3~1/2。成虫白天活动取食花蜜；喜于生长衰弱的枝干粗皮缝、伤疤边缘、分杈等粗糙处产卵，散产，每雌可产卵20余粒。卵期10余天。6月上旬开始孵化、蛀入，于皮层内危害，11月结茧越冬。

防治方法

农业防治　加强管理增强树势，避免产生伤疤可减少受害冬春季结合刮老翘皮、刮腐烂病，挖杀幼虫，之后涂消毒保护剂。

化学防治 ①树干涂药液。4月和8~9月于幼虫危害处涂柴油原油或煤油1~1.5千克加敌敌畏50克混合液，效果良好。秋季虫小、入皮浅，防治效果更好。②成虫盛发期，枝干上喷洒90%晶体敌百虫或40%辛硫磷乳油1000倍液、50%马拉硫磷乳油1200倍液或20%甲氰菊酯乳油2500～3000倍液、10%联苯菊酯乳油2000～2500倍液等，防治成虫和初孵幼虫效果均很好。

59 黑翅土白蚁（图2-59-1至图2-59-8）

属等翅目白蚁科。

分布与寄主

分布　黄河以南及西南各产区。

寄主　樱桃、枣、柿、板栗、茶、柑橘等果树。

危害特点　白蚁营巢于土中，取食树木的根茎部，并在树木上修筑泥被，啃食树皮，也能从伤口侵入木质部危害。苗木受害后常枯死，成年树被害后生长不良。此外，还危及堤坝安全。

形态诊断　有翅繁殖蚁：体长12～18毫米，头、胸、腹背面黑褐色，翅暗褐色，触角19节，全身密被细毛，前胸背板中央有1个淡色"十"字形纹。卵：乳白色，椭圆形，长径0.6毫米。兵蚁：体长5～6毫米，头暗黄色，胸、腹部淡黄色至灰白色；头部毛稀疏，胸腹部毛较密集。工蚁：体长5～6毫米，头黄色，胸、腹部灰白色。

发生规律　筑巢地下，危害树木时一般先取食树干表皮和木栓层，后期才向木质部深入。5～6月及9月有2个危害高峰，7～8月则在早、晚和雨后活动。每年4月底5月初在蚁巢附近出现成群的圆锥形突起分飞孔，相对湿度95%以上的闷热天气或大雨后，有翅繁殖蚁从分飞孔飞出，脱翅并雌雄配对后钻入地下建立新巢，成为新蚁巢的蚁后和蚁王，有些位于浅土层的幼龄巢和菌圃腔，在6～8月连降暴雨后，地面上会长出鸡枞菌，可作为确定蚁巢的标志。蚁巢由小到大，一个大巢群内白蚁达200万头以上，兵蚁保卫蚁巢，工蚁担负采食、筑巢和抚育幼蚁等工作，蚁王和蚁后匿居蚁巢内繁殖后代。工蚁在树干上取食时，做泥线或泥坡，可高达数米，形成泥套，这是白蚁危害的重要特征。

防治方法

农业防治　清理杂草、朽木和树根，减少白蚁食料。

物理防治　①在白蚁分飞季节用黑光灯诱杀。②白蚁诱杀包诱杀。每亩放置15～25个，经2～3个月，蚁巢可被消灭。

化学防治　开沟灌药液灭杀。于树干四周开沟，灌入10%氯氰菊酯乳油或20%氰戊菊酯乳油、10%甲氰菊酯乳油、48%哒嗪硫磷乳油、50%辛硫磷乳油等150～500倍液，然后覆土。蚁巢灌药。发现蚁巢，用上述药液灌入巢内，每巢1～20千克，杀蚁效果好。

梨豹蠹蛾（图2-60-1至图2-60-3）

属鳞翅目木蠹蛾科。又名豹蛾。

分布与寄主

分布　全国梨及苹果、樱桃、核桃、李、杏产区。

寄主　梨、苹果、樱桃、李、杏、核桃等果树和多种灌木。

危害特点　幼虫蛀食寄主植物的茎部，自下而上取食心材，常致寄主植物自虫蛀孔处折断，破坏严重。

形态诊断　成虫：体白色，翅灰白色，翅展4~6厘米，上有许多黑点和斑纹，毛蓬松。幼虫：老熟幼虫体长约5厘米，白色而肥胖，头部色暗。

发生规律　2~3年发生1代，以幼虫在寄主植物蛀道内缀合虫粪木屑封闭两端静伏越冬，在浙江4月中旬化蛹，5月上旬羽化。成虫夜间飞行，趋光性强。成虫喜将卵产于孔洞或缝隙处，几十粒至数百粒产成块状。卵经2周左右孵化，初孵幼虫有群集取食卵壳的习性，3~5天后渐渐分散。分散的方式以吐丝下垂借风迁移为主，也有爬行迁移。幼虫多从嫩枝基部逐渐害蛀入。当蛀至木质部后多在蛀道下方环蛀一圈，并咬一通外的蛀孔，然后向上蛀食，同时不断向外排出粪粒。

防治方法

农业防治　及时剪除受害枝，集中烧毁或深埋。

物理防治　成虫盛发期用黑光灯或频振式杀虫灯进行诱杀。

化学防治　成虫发生期及卵孵化盛期用25%灭幼脲悬浮剂1000倍液、Bt乳剂500倍液、5%氟啶脲1500倍液、2.5%三氟氯氰菊酯乳油3000倍液、2.5%联苯菊酯乳油1500倍液等喷雾，保证枝干充分着药，以毒杀卵及初孵幼虫；幼虫蛀干危害期，树干皮层注射20%吡虫啉可湿性粉剂100倍液、2%氟丙菊酯乳油50倍液、1.8%阿维菌素乳油20~50倍液等，毒杀枝干内幼虫。

61　**小线角木蠹蛾**（图2-61-1至图2-61-3）

属鳞翅目木蠹蛾科。又名小褐木蠹蛾。

分布与寄主

分布　辽宁、吉林、黑龙江、内蒙古、北京、天津、河北、河南、陕西、宁夏、山东、江苏、安徽、江西、福建、湖南等地。

寄主　山楂、苹果、樱桃、香椿等数十种果树、花卉和林木。

危害特点　幼虫蛀食寄主枝干木质部，几十至几百头群集在蛀道内为害，造成干疮百孔，蛀道相通，蛀孔外面有用丝连接的球形虫粪。轻者造成风折枝干，重者使寄主植物逐渐死亡。与天牛危害状的1蛀道1虫有明显不同。

形态诊断 成虫：体长22毫米左右，翅展50毫米左右。体灰褐色，翅面上密布许多黑色短线纹。卵：圆形，卵壳表有网纹。幼虫：体长35毫米左右，体背鲜红色，腹部节间乳黄色，前胸背板有斜"B"形深色斑。蛹：被蛹型，褐色，体稍向腹面弯曲。

发生规律 2年发生1代，跨3个年度。以幼虫在枝干蛀道内越冬。翌年3月幼虫开始活动。幼虫化蛹时间很不整齐，5月下旬至8月上旬为化蛹期，蛹期20天左右。6~8月为成虫发生期，成虫羽化时，蛹壳半露在羽化孔外。成虫有趋光性，日伏夜出。将卵产在树皮裂缝或各种伤疤处，卵呈块状，粒数不等，卵期约15天。幼虫喜群栖为害，每年3~11月为幼虫危害期。

防治方法

农业防治 加强检疫。调运苗木要严格检疫，防止带虫苗木带虫传播。

物理防治 成虫发生期利用成虫的趋光性采用杀虫灯或黑光灯诱杀成虫。

生物防治 保护利用天敌姬蜂、寄生蝇、啄木鸟等防治害虫。用芜菁夜蛾线虫水悬浮液注射于蛀孔内，剂量每毫升清水中含1000~2000条线虫。直至枝干下部连通的排粪孔流出线虫水悬浮液为止，2~5天后树干内的幼虫爬出树外，防效优异，注射时间北方果区4月上旬至5月上旬，9月上中旬效果好。

化学防治 ①成虫产卵期树干上喷洒25%辛硫磷胶囊剂200~300倍液或50%辛硫磷乳油400~500倍液、20%中西除虫菊酯乳油1000~1500倍液、3%氟啶脲乳油1500~2000倍液等，毒杀卵和初孵幼虫。②幼虫危害初期清除皮下群集幼虫，并用50%辛硫磷乳油与柴油1：9比例混合液涂抹被害处，毒杀初侵入幼虫。③幼虫危害期可用80%敌敌畏乳油或20%哒嗪硫磷乳油、10%联苯菊酯乳油等30~50倍液10~20毫升注入虫孔，施药后用湿泥封孔。或制成毒扦插虫蛀孔防治。

62 **枣龟蜡蚧**（图2-62-1至图2-62-5）

属同翅目蜡蚧科。又名日本蜡蚧、日本龟蜡蚧、龟蜡蚧、龟甲蜡蚧。俗称枣虱子。

分布与寄主

分布 全国除新疆、西藏未见报道外，其他各产区均有发生。

寄主 樱桃、柿、桃、枣、杏、石榴、柑橘等果树。

危害特点 若虫固贴在叶面上吸食汁液，排泄物布满枝叶，7~8月雨季易引起大量煤污菌寄生，使叶、枝条、果实布满黑霉，影响光合作用和果实生长。

形态诊断 雌成虫：椭圆形，紫红色，背覆白蜡质介壳，表面有龟状凹纹，体长约3毫米，宽2～2.5毫米；雄成虫：体长1.3毫米，翅展2.2毫米，体棕褐色，头及前胸背板色深，触角丝状；翅1对白色透明。卵：椭圆形，长径约0.3毫米，橙黄至紫红色。若虫：体扁平椭圆形，长0.5毫米，后期虫体周围出现白色蜡壳。蛹：仅雄虫在介壳下化为裸蛹，梭形，棕褐色。

发生规律 1年发生1代，以受精雌虫密集在1～2年生小枝上越冬。越冬雌虫4月初开始取食，5月下旬至7月中旬产卵，卵期10～24天。6月中旬至7月上旬孵化，初孵若虫多爬到嫩枝、叶柄、叶面上固着取食，8月初雌雄开始性分化，8月下旬至10月上旬雄虫羽化，交配后即死亡。雌虫陆续由叶转到枝上固着危害，至秋后越冬。卵孵化期间，空气湿度大，气温正常，卵的孵化率和若虫成活率高。天敌有瓢虫、草蛉、长盾金小蜂、姬小蜂等。

防治方法 防治关键期是雌虫越冬期和夏季若虫前期。

农业防治 从11月至翌年3月刮刷树皮裂缝中的越冬雌成虫，剪除虫枝；冬春季遇雨雪天气，及时敲打树枝震落冰凌，可将越冬雌虫随冰凌震落。

生物防治 保护利用天敌。

化学防治 黄淮地区在4月下旬树冠喷洒25%噻嗪酮可湿性粉剂1000～1500倍液；或在6月末7月初，喷洒50%甲萘威可湿性粉剂400～500倍液或20%甲氰菊酯乳油3000～4000倍液、20%啶虫脒可湿性粉剂2000倍液等；秋后或早春喷洒5%的柴油乳剂防效好。

63 柿广翅蜡蝉（图2-63-1至图2-63-5）

属同翅目广翅蜡蝉科。

分布与寄主

分布 全国各产区。

寄主 柿、山楂、梨、苹果、桃、李、板栗、柑橘、樱桃等果树。

危害特点 成虫、若虫群集嫩枝、芽、叶背上刺吸汁液；成虫产卵于当年生枝条内。影响枝条生长和叶片光合作用，重者造成产卵部以上枯枝、落叶、落果。

形态诊断 成虫：体长8.5～10毫米，翅展24～36毫米；头、胸背面及腹面深褐色，腹部基部黄褐色；前翅宽阔多纵脉，烟褐色，前缘外1/3处有一个三角形或半圆形透明斑；后翅为暗色，半透明。卵：长卵形，长0.8～1.2毫米，乳白色。若虫：体长3～6毫米，略呈钝菱形，翅芽处最宽，疏被白色蜡粉；腹部末端有10条白色绵毛状蜡丝，呈扇状伸出，蜡丝长6～15毫米，常可作孔雀开屏状，向上直立或伸向后方，保护身体；1~4龄若虫白色；5龄若虫中胸背板及腹背面为灰黑色，头、胸、腹、足均为白色，中胸背板有3个白斑，斑中有1个小黑点，呈倒"品"字形排列。

发生规律　南方1年发生2代，以卵于当年生枝条内越冬。越冬卵4月上旬孵化，4月中旬至6月上旬若虫盛发，6月下旬至8月上旬成虫发生，7月中旬至8月中旬产卵。第一代若虫盛发期在8~9月，成虫发生期在9~10月，产卵期在9月上旬至10月下旬。低龄若虫群集危害，稍大后分散，白天活动。成虫羽化初体白色渐变为黑褐色，飞行能力强，善跳跃，产卵于当年生直径3~6毫米嫩枝背面光滑处及叶柄、果柄、叶背叶脉的皮层内，产卵孔外带出部分木丝并覆有白色绵毛状蜡丝。成虫寿命50~70天，危害至秋后陆续死亡。

防治方法

农业防治　冬春季剪除被害产卵枝，并清除果园杂草和四周的杂灌，集中烧毁，以减少虫源。

化学防治　在2代低龄若虫发生危害期，喷洒48%哒嗪硫磷乳油1000倍液或10%吡虫啉可湿性粉剂3000~5000倍液、10%氯菊酯乳油2000~2500倍液、2%氟丙菊酯乳油1500~2000倍液等。药液中加入含油量0.3%~0.4%的柴油乳剂或黏土柴油乳剂，可溶解虫体蜡粉显著提高防效。

⑥④ 樗蚕蛾（图2-64-1至图2-64-6）

属鳞翅目大蚕蛾科。又名樗蚕、柏蚕、乌桕樗蚕蛾。

分布与寄主

分布　辽宁、北京、河北、山东、河南、安徽、江苏、上海、浙江、福建、台湾、广东、海南、广西、湖南、湖北、贵州、云南等地。

寄主　石榴、臭椿、乌桕、梨、桃、槐、柳、柑橘、核桃、银杏、马褂木、花椒、蓖麻、樱桃等。

危害特点　幼虫食叶和嫩芽，轻者食叶成缺刻或孔洞，严重时把叶片吃光。

形态诊断　成虫：体长25~30毫米，翅展110~130毫米。体青褐色。头部四周、颈板前端、前胸后缘、腹部背面、侧线及末端都为白色。腹部背面各节有白色斑纹6对，其中间有断续的白纵线。前翅褐色，前翅顶角后缘呈钝钩状，顶角圆而突出，粉紫色，具有黑色眼状斑，斑的上边为白色弧形。前后翅中央各有一个较大的新月形斑，新月形斑上缘深褐色，中间半透明，下缘土黄色；外侧具一条纵贯全翅的宽带，宽带中间粉红色。外侧白色、内侧深褐色，基角褐色，其边缘有一条白色曲纹。卵：灰白或淡黄白色，上布暗斑点，扁椭圆形，长约1.5毫米。幼虫：幼龄幼虫淡黄色，有黑色斑点，中龄后全体被白粉，青绿色。老熟幼虫体长55~75毫米。体粗大，头部、前胸、中胸对称蓝绿色棘状突起，此突起略向后倾斜。亚背线上的比其他两排更大，突起之间有黑色小点。气门筛淡黄色，围气门片黑色。胸足黄色，腹足青绿色，端部黄色。茧：呈口袋状或橄榄形，长约50毫米，上端开口，用丝缀叶而成，土黄色或灰白色。茧柄长40~130毫米，常以一张寄主的叶包着半边茧。蛹：棕褐色，椭圆形，长26~30毫米，宽14毫米，体上多横皱纹。

发生规律 北方1年发生1~2代，南方1年发生2~3代，以蛹越冬。在四川越冬蛹于4月下旬开始羽化为成虫，成虫有趋光性，并有远距离飞行能力，飞行可达3000米以上。成虫羽化后即进行交配。雌蛾性引诱力甚强。成虫寿命5~10天。卵产在寄主的叶背和叶面上，聚集成堆或块状，每雌产卵300粒左右，卵历期10~15天。初孵幼虫有群集习性，3~4龄后逐渐分散危害。在枝叶上由下而上，昼夜取食，并可迁移。第一代幼虫在5月份危害，幼虫历期30天左右。幼虫脱皮后常将所脱之皮食尽或仅留少许。幼虫老熟后即在树上缀叶结茧，树上无叶时，则下树在地被物上结褐色粗茧化蛹。第二代茧期50多天。7月底8月初是第一代成虫羽化产卵时间。9~11月为第二代幼虫危害期，以后陆续作茧化蛹越冬，第二代越冬茧，长达5~6个月，蛹藏于厚茧中。

防治方法

农业防治 成虫产卵或幼虫结茧后，人力摘除或直接捕杀，摘下的茧可用于巢丝和榨油。

物理防治 掌握好各代成虫的羽化期，用黑光灯进行诱杀。

生物防治 樗蚕幼虫的天敌有绒茧蜂和喜马拉雅姬蜂、稻苞虫黑瘤姬蜂、樗蚕黑点瘤姬蜂等，注意保护和利用。

化学防治 幼虫危害初期，喷布50%辛硫磷乳油600倍液、5%氯氰菊酯乳剂2000倍液、80%丙硫磷乳油1000倍液、2.5%溴氰菊酯乳油2000倍液、20%甲氰菊酯乳油2000倍液，施药后24小时，其防治效果均为100%。也可用20%丙硫磷熏烟剂，每亩0.5~0.7千克，防治幼龄幼虫效果很好。还可用氯菊酯或鱼藤酮等进行防治。

---

65 褐刺蛾（图2-65-1至图2-65-8）

属鳞翅目刺蛾科。又名桑褐刺蛾、桑刺毛虫。

分布与寄主

分布 全国除东北、西北少数地区外，其他各产区都有分布。

寄主 樱桃、桃、梨、柿、板栗、葡萄、茶、桑、柑橘、白杨等。

危害特点 初孵幼虫取食叶肉，仅残留透明的表皮，随虫龄增大食叶仅残留叶脉。

形态诊断 成虫：体长1.5~1.8厘米，翅展3.1~3.9厘米，身体土褐色至灰褐色。前翅前缘近2/3处至近肩角和近臀角处，各具1暗褐色弧形横线，两线内侧衬影状带，外横线较垂直，外衬铜斑不清晰，仅在臀角呈梯形；雌蛾体上斑纹较雄蛾浅。卵：扁椭圆形，黄色，半透明。幼虫：成龄体长3.5厘米左右，黄色，背线天蓝色，各节在背线前后各具1对黑点，亚背线各节具1对突起，其中后胸及1、5、8、9腹节突起最大。茧：灰褐色，椭圆形。

发生规律　1年发生2~4代，以老熟幼虫在树干附近土中结茧越冬。3代区成虫分别在5月下旬、7月下旬、9月上旬出现，成虫夜间活动，有趋光性，卵多成块产在叶背，每雌产卵300多粒，幼虫孵化后在叶背群集并取食叶肉，半月后分散为害，取食叶片。老熟后入土结茧化蛹。

防治方法

农业防治　处理幼虫危害叶和灭茧。多种刺蛾如丽绿刺蛾、黄刺蛾等的幼龄幼虫多群集取食，被害叶显现白色或半透明的表皮，很容易发现。此时斑块附近常栖有大量幼虫，及时摘除带虫枝、叶，加以处理，效果明显。褐刺蛾、丽绿刺蛾等的老熟幼虫常沿树干下行至树基部或地面结茧，可采取树干绑草等方法诱其结茧及时予以清除。清除越冬虫茧。刺蛾越冬期长达7个月以上，此期果园作业较空闲，可根据不同刺蛾越冬场所之异同采用敲、挖、剪除等方法清除虫茧。

物理防治　利用刺蛾成虫具有较强趋光性的特性，在成虫羽化期于19：00~21：00用灯光诱杀。

生物防治　利用刺蛾天敌防治，如刺蛾紫姬蜂、广肩小蜂、上海青蝉、爪哇刺蛾姬蜂、健壮刺蛾寄蝇等。

化学防治　在刺蛾低龄幼虫期防治效果好，有效药剂有90%晶体敌百虫1500倍液、50%马拉硫磷乳油2000倍液、2.5%溴氰菊酯乳油3000倍液、20%氰戊菊酯乳油3000倍液、50%杀螟硫磷乳油、40%辛硫磷乳油1500~2000倍液、25%甲萘威可湿性粉剂700倍液等叶面喷洒防治。

66　梨刺蛾（图2-66-1至图2-66-3）

属鳞翅目刺蛾科。又名梨娜刺蛾。

分布与寄主

分布　全国各产区。

寄主　梨、苹果、桃、李、杏、樱桃、枣、核桃、柿等果树及杨树等90多种植物。

危害特点　幼虫啃食芽和叶片，将其啃吃成很多孔洞、缺刻或仅留叶柄、主脉，严重影响树势和果实产量。

形态诊断　成虫：体长14~16毫米，翅展29~36毫米，黄褐色；雌虫触角丝状，雄虫触角羽毛状；胸部背面有黄褐色鳞毛；前翅黄褐色至暗褐色，外缘为深褐色宽带，前缘有近似三角形的褐斑；后翅褐色至棕褐色；缘毛黄褐色。卵：扁圆形，白色，数十粒至百余粒排列成块状。幼虫：老熟幼虫体长22~25毫米，暗绿色；各体节有4个横列小瘤状突起，其上生刺毛。其中前胸、中胸和第六、第七腹节背面的瘤突较大且刺毛较长，形成枝刺，伸向两侧，黄褐色。蛹：黄褐色，体长约12毫米。

发生规律　1年发生1代，以老熟幼虫在土中结茧，以前蛹越冬，翌春化蛹，7~8月份出现成虫；成虫昼伏夜出，有趋光性，产卵于叶片上。幼虫孵化后取食叶片，发生盛期在8~9月份。幼虫老熟后从树上爬下，入土结茧越冬。在正常管理的果园，梨刺蛾的发生数量一般不大，在管理粗放的梨园，有时发生较多。

防治方法

农业防治　①结合整枝、修剪、除草和冬季清园、松土等，清除枝干上、杂草中的越冬虫体，破坏地下的蛹茧，以减少越冬虫源。②利用成蛾趋光习性，结合防治其他害虫，在6~8月成虫发生盛期，设诱虫灯、糖醋液盆等诱杀成虫。③幼虫群集危害期人工捕杀。

生物防治　秋冬季摘虫茧，放入纱笼，保护和引放寄生蜂；用每克含孢子100亿的白僵菌粉0.5~1千克，在雨湿条件下防治1~2龄幼虫。

化学防治　幼虫孵化盛期及时喷洒90%晶体敌百虫或50%马拉硫磷乳油、25%亚胺硫磷乳油、50%杀螟硫磷乳油、30%乙酰甲胺磷乳油等900~1000倍液；还可选用50%辛硫磷乳油1400倍液或10%联苯菊酯乳油5000倍液、2.5%鱼藤酮300~400倍液、52.25%蚜·氯乳油1500~2000倍液等。

⑥⑦ 梨大叶蜂（图2-67-1，图2-67-2）

属膜翅目锤角叶蜂科。

分布与寄主

分布　山西、陕西、河南、山东、河北、安徽等地。

寄主　梨、山楂、樱桃、木瓜等植物。

危害特点　幼虫食叶成圆弧形缺刻，严重时把叶片吃光；成虫咬伤嫩梢的上部吸食汁液，致梢头枯萎断落，影响幼树成型。

形态诊断　成虫：体长22~25毫米，翅展48~55毫米，红褐色；头黄色，单眼区和额两侧暗黑色，复眼椭圆形黑色；触角棒状，两端黄褐色，中间黑褐色；前胸背板黄色，中胸小盾片和后胸背板后缘黄褐色；前翅前半部暗褐色，不透明，后半部和后翅透明，淡黄褐色；腹部第一至第三节及第四至第六节的后缘黑褐色，其他部位黄色至黄褐色；背线黑褐色。卵椭圆形，略扁，长约

3.5毫米，初淡绿色，孵化前变黄绿色。幼虫：体长约50毫米；体稍带灰白绿色；背线中央为淡褐色细线，从前胸至腹部第七腹节两侧有2纵列黑斑。蛹：体长25~30毫米，裸蛹。茧长30~35毫米，长椭圆形，褐色，质地坚硬，外附泥土。

发生规律　1年发生1代，以老熟幼虫在距地表约6厘米处的土中做茧越冬。4月下旬至5月中旬成虫羽化。5月上中旬幼虫出现，6月上中旬幼虫陆续老熟，落地入土做茧越夏、越冬。成虫喜食寄主嫩梢，将嫩梢顶端5~10厘米处咬伤，致使梢头萎蔫垂落，幼树受害较重。卵产于叶片表皮下。幼虫取食叶片呈缺刻状，静止时常栖息于叶背面，身体弯曲侧卧，姿态特殊，受惊时，体表能喷射出浅黄色液体。

防治方法

农业防治　冬春翻树盘挖茧。结合管理捕杀幼虫。成虫危害期在幼树上进行网捕成虫。

化学防治　此虫多零星发生，幼虫危害期结合防治其他害虫治此虫。

68　梨叶蜂（图2-68-1，图2-68-2）

属膜翅目叶蜂科。又名桃黏叶蜂。

分布与寄主

分布　河南、山东、山西、陕西、江苏、四川等地及周边产区。

寄主　梨、桃、李、杏、樱桃、山楂、柿等果树。

危害特点　以幼虫危害叶片，幼虫取食时多以胸、腹足抱持叶片，尾端常翘起。低龄幼虫食害叶肉，仅残留表皮，幼虫稍大后取食叶片呈不规则缺刻与孔洞，严重发生时将叶片吃得残缺不全，甚至仅残留叶脉，从而影响树体生长及树势。

形态诊断　成虫：体粗短，长10~13毫米，宽5毫米，黑色，有光泽；头部较大，触角丝状9节，上生细毛；复眼暗红色至黑色，单眼3个，在头顶呈三角形排列；前胸背板后缘向前凹入较深；雄虫胸部全黑色，雌虫胸部两侧和肩板黄褐色；翅宽大、透明，微带暗色，翅脉和翅痣黑色；足淡黑褐色，跗节5节，前足胫节具端距2个。雄虫腹部筒形，雌虫略呈竖扁，产卵器锯状。卵：绿色，略呈肾形，长1毫米左右，两端尖细。幼虫：体长10毫米，黄褐至绿色。头近半球形，每侧单眼1个，其上部有褐色圆斑；体光滑，胸部膨大，胸足发达，腹足6对，着生在第二至第六腹节和第十腹节上；臀足较退化；初孵幼虫头部褐色，体淡黄绿色。单眼周围和口器黑色。

发生规律　1年发生代数不详。以末龄幼虫在土茧中越冬。河南、南京一带成虫于6月羽化出土，飞到树上交尾产卵，未经交尾的雌虫亦能产卵，且能孵化为幼虫。卵期10天左右，幼虫孵化后取食叶片。陕西8月上旬进入幼虫危害盛期。幼虫于9月上中旬老熟后下树入土结茧，在土层3厘米处越冬。

防治方法

农业防治　冬春季耕翻果园，使越冬茧暴露出地面或埋入深处，可杀灭越冬幼虫。

化学防治　6月成虫羽化出土时，地面用25%辛硫磷微胶囊剂300倍液或40%哒嗪硫磷乳油450倍液喷洒树盘地表，防治出土成虫。幼虫危害期，叶面喷洒90%晶体敌百虫或50%辛硫磷乳油1200～1300倍液防治、2%氟丙菊酯乳油1500～2000倍液、20%氟啶脲可湿性粉剂2000倍液等。

69　柳毒蛾（图2-69-1至图2-69-5）

鳞翅目毒蛾科。又名杨雪毒蛾、杨毒蛾。

分布与寄主

分布　我国北起黑龙江、内蒙古、新疆，南至浙江、江西、湖南、贵州、云南等地及周边地区都有分布，淮河以北密度较大。

寄主　梨、板栗、樱桃、杏、桃、梅、茶树、杨、柳、栎树等多种果树和林木。

危害特点　以幼虫啃食叶片，受害叶片呈缺刻或孔洞状，严重时叶片被食光，仅留叶皮及叶脉，呈网状。

形态诊断　成虫：体长12～13毫米，雄成虫翅展35～45毫米，雌成虫翅展45～60毫米。体白色，具光泽；头、胸、腹部稍带浅黄色，栉齿灰褐色；下唇须、复眼外侧为黑色；足白色，胫节和跗节有黑环。前翅稀布鳞片，微带透明光泽，前缘和基部微带黄色；触角黑色，带有白色环节，黑白相间呈斑点状。卵：直径0.8～1毫米，扁圆形，绿色至褐色，卵块上被灰色泡沫状物。幼虫：老熟幼虫体长35～50毫米；头部灰黑色有棕白色毛；体黄色，亚背线黑褐色，气门上线和下线由黑点组成；体腹面和胸足暗黄色，腹足灰黑色；瘤棕黄色，有黄白色刚毛。蛹：体长15～25毫米，灰褐黑色带黄白色斑，气门棕黑色；刚毛黄白色。

发生规律　东北1年发生1代，华北2代，以2龄幼虫在树皮缝中做薄茧越冬。翌年3～4月中旬，寄主展叶期开始活动，5月中旬幼虫体长10毫米左右，白天爬到树洞里或建筑物的缝隙及树下各种物体下面躲藏，夜间上树为害。6月中旬幼虫老熟后化蛹，6月底成虫羽化，有的把卵产在枝干上，7月初第一代幼虫开始孵化为害，1～2龄幼虫有群集性，可吐丝下垂借风传播；9月底二代幼虫陆续钻入树皮缝中做茧越冬。一、二代卵期10天左右，一代幼虫期35天、二代240天，越冬代蛹期8天，一代为10天。成虫有趋光性，雌虫较明显，夜间活动，多将卵产在树皮或叶片上，堆积成大的灰白色卵块。

防治方法

农业防治　利用成虫有趋光性，可用黑光灯和频振式杀虫灯诱杀。

物理防治　9月初，幼虫下树越冬前，用干草在树干基部捆扎20厘米宽的草脚，翌年3月撤除干草并烧毁。

化学防治　发生盛期用40%辛硫磷乳油1000倍液、或20%氰戊菊酯乳油1500倍液或2%异丙威可湿性粉剂2000倍液等喷杀幼虫，可间隔7~10天，连用1~2次。

70　绿盲蝽（图2-70-1至图2-70-4）

属半翅目盲蝽科。又名花叶虫、小臭虫、棉青盲蝽、青色盲蝽、破叶疯、天狗蝇等。

分布与寄主

分布　全国各樱桃产区。

寄主　葡萄、石榴、桃、草莓、桑、棉花、麻类、苹果、梨、杏、李、梅、山楂、樱桃等。

危害特点　成虫、若虫刺吸寄主汁液，受害初期叶面呈现黄白色斑点，渐扩大成片，成黑色枯死斑，造成大量破孔、皱缩不平的"破叶疯"。孔边有一圈黑纹，叶缘残缺破烂，叶卷缩畸形，叶早落。严重时腋芽、生长点受害，造成腋芽丛生。

形态诊断　成虫：体长5毫米，宽2.2毫米，绿色，密被短毛。头部三角形，黄绿色，复眼黑色突出，无单眼，触角4节丝状，较短，约为体长2/3，第二节长等于三、四节之和，向端部颜色渐深，第一节黄绿色，第四节黑褐色。前胸背板黄绿色，布许多小黑点，前缘宽。小盾片三角形微突，黄绿色，中央具1浅纵纹。前翅膜片半透明暗灰色，余绿色。足黄绿色，胫节末端、跗节色较深，后足腿节末端具褐色环斑，雌虫后足腿节较雄虫短，不超腹部末端，跗节3节，末端黑色。卵：长1毫米，黄绿色，长口袋形，卵盖奶黄色，中央凹陷，两端突起，边缘无附属物。若虫：共5龄，与成虫相似。初孵时绿色，复眼桃红色；2龄黄褐色；3龄出现翅芽；4龄翅芽超过第一腹节；5龄后全体鲜绿色，密被黑色细毛，触角淡黄色，端部色渐深。

发生规律　北方1年发生3~5代，山西运城4代，陕西、河南5代，江西6~7代，以卵在树皮裂缝、树洞、枝杈处及近树干土中越冬。翌春3~4月，旬均温高于10℃或连续日均温达11℃，相对湿度高于70%，卵开始孵化。成虫寿命长，产卵期30~40天，发生期不整齐。成虫飞行力强，喜食花蜜，羽化后6、7天开始产卵。非越冬代卵多散产在嫩叶、茎、叶柄、叶脉、嫩蕾等组织内，外露黄色卵盖，卵期7～9天。以春、秋两季受害重。主要天敌有寄生蜂、草蛉、捕食性蜘蛛等。

防治方法

农业防治 冬春清理园中枯枝落叶和杂草，刮刷树皮、树洞，消除寄主上的越冬卵。

化学防治 于3月下旬至4月上旬越冬卵孵化期，4月中下旬若虫盛发期及5月上中旬初花期3个关键期喷洒20%氰戊菊酯乳油2500倍液或48%哒嗪硫磷乳油1500倍液、52.25%蜱·氯乳油2000倍液。

71 木橑尺蠖（图2-71-1，图2-71-2）

属鳞翅目尺蛾科。又名木橑尺蛾、洋槐尺蠖、木橑步曲、吊死鬼、小大头虫、棍虫。

分布与寄主

分布 除西藏、青海等产区未见报道外，其他各产区均有分布。

寄主 樱桃、石榴、核桃、木橑、苹果、山楂、柿、梨、杏、桃、柳、杂草等150多种植物。

危害特点 幼虫食叶成缺刻或孔洞，重者把整枝叶片吃光。长江以北产区常局部重度发生，造成很大危害。

形态诊断 成虫：体长17～31毫米，翅展54～78毫米，翅体白色，头棕黄色；触角雌丝状，雄短羽状；胸背有棕黄色鳞毛，中央有一浅灰色斑纹，前后翅均有不规则的灰色和橙色斑点，中室端部呈灰色不规则块状，在前后翅外缘线上各有一串橙色和深褐色圆斑；前翅基部有一个橙色大圆斑；雌腹部肥大，末端具棕黄色毛丛；雄腹瘦，末端鳞毛稀少。卵：椭圆形，初绿色渐变至黑色。幼虫：体长70毫米左右，体色似树皮，体上布满灰白色颗粒小点；头部密布白色、琥珀色、褐色泡沫状突起，头顶两侧呈马鞍状突起；前胸盾前缘两侧各有一突起，气门两侧各生一个白点；胴部第二至第十节前缘亚背线处各有一灰白色圆斑。蛹：长30～32毫米，黑褐色。

发生规律 华北1年发生1代，浙江年发生2～3代，以蛹在树冠下土缝或园地土块、砖石下等各种隐蔽场所越冬。华北5～8月成虫于夜晚羽化，成虫昼伏夜出，趋光性较强。每雌可产卵1000～3000粒，卵产于树皮缝或石块上，数十粒成块上覆棕黄色鳞毛。卵期9～11天。5月下旬至10月为幼虫发生期，8月危害严重。初孵幼虫有群集性，较活泼，可吐丝下垂借风力传播，2龄后分散危害。幼虫期40天左右，老熟后入土，多在3厘米深处群集化蛹越冬。

防治方法

农业防治 冬春季彻底清园，并翻耕园地，利用低温和鸟食消灭土中越冬

蛹。幼虫发生期摇树震落捕杀幼虫。园内放养鸡、鸭啄食幼虫。

物理防治 利用黑光灯诱杀成虫或清晨人工捕捉。

化学防治 各代幼虫孵化盛期，特别是第一代幼虫孵化期，喷洒50%氰戊菊酯乳油2000~3000倍液或20%氟丙菊酯乳油乳油3000倍液、50%二嗪磷乳油1000倍液、90%晶体敌百虫800~1000倍液、50%辛硫磷乳油1200倍液等。依据物候期施药第一次掌握在发芽初期，第二次在芽伸长35厘米时为宜。

(72) 苹毛丽金龟（图2-72-1至图2-72-3）

鞘翅目丽金龟科。又名苹毛金龟子、长毛金龟子。

分布与寄主

分布 黑龙江、吉林、辽宁、内蒙古、宁夏、甘肃、青海、陕西、山西、北京、河北、河南、山东、安徽、江苏、上海、浙江、重庆、四川等地。

寄主 苹果、石榴、梨、核桃、桃、李、杏、葡萄、山楂、板栗、草莓、黑莓、海棠、樱桃等。

危害特点 成虫食害嫩叶、芽及花器；幼虫危害地下组织。

形态诊断 成虫：体长8.9~12.5毫米，宽5.5~7.5毫米。卵圆至长圆形，除鞘翅和小盾片外，全体密被黄白色绒毛。头胸部古铜色，有光泽；鞘翅茶褐色，具淡绿色光泽，上有纵列成行的细小点刻。触角鳃叶状9节，棒状部3节。从鞘翅上可透视出后翅折叠成"V"字形。腹部末端露出鞘翅。卵：椭圆形，长1.5毫米，初乳白后变为米黄色。幼虫：体长约15毫米，头黄褐色，头部前顶刚毛每侧7~8根，呈1纵列，后顶刚毛每侧10~11根，呈簇状，额中侧毛每侧2根，较长。臀节肛腹片覆毛区中央具2列刺毛，相距较远，每列前段由短锥状刺毛6~12根组成，后段为长针状刺毛6~10根，排列整齐。蛹：长卵圆形，长12.5~13.8毫米，宽5.5~6.0毫米，初黄白后变黄褐色。

发生规律 1年发生1代，以成虫在土中越冬。翌春3月下旬开始出土活动，主要危害蕾花，4月中旬至5月上旬危害最盛；成虫发生期40~50天，于5月中下旬成虫活动停止。4月中旬开始产卵，产卵盛期为4月下旬至5月上旬，卵期20~30天，幼虫期60~80天。幼虫发生盛期为5月底至6月初。7月底开始化蛹，化蛹盛期为8月中下旬。9月中旬开始羽化，羽化盛期为9月中旬，羽化后的成虫不出土，即在土中越冬。成虫具假死性，无趋光性，当平均气温达20℃以上时，成虫在树上过夜；温度较低时潜入土中过夜。成虫最喜食花器，故随寄主现蕾、开花早迟而转移危害，一般先危害杏、桃，后转至梨、苹果及石榴上危害。卵多产于9~25厘米土层中，并多选择土质疏松且植被稀疏的场所产卵，单雌产卵8~56粒，一般20余粒。天敌有红尾伯劳、灰山椒鸟、黄鹂等益鸟和朝鲜小庭虎甲、深山虎甲、粗尾拟地甲及寄生蜂、寄生蝇、寄生菌等。

防治方法 此虫虫源来自多方面，特别是荒地虫量最多，故应以消灭成虫为主。

农业防治 早、晚张网震落成虫，捕杀之。

生物防治 保护利用天敌。

化学防治 ①地面用药，控制潜土成虫。常用药剂有5%辛硫磷颗粒剂每亩3千克撒施；或50%辛硫磷乳油每亩0.3~0.4千克加细土30~40千克拌匀成毒土撒施；或稀释500~600倍液均匀喷于地面。使用辛硫磷后应及时浅耙，提高防效。②树上用药。于果树接近开花前，结合防治其他害虫喷洒52.25%蜱·氯乳油或50%二嗪磷乳油或45%马拉硫磷乳油或48%哒嗪硫磷乳油1500倍液、2.5%溴氰菊酯乳油2000~3000倍液等。

73 柿黄毒蛾（图2-73-1至图2-73-6）

属鳞翅目毒蛾科。又名黄毒蛾、折带黄毒蛾、杉皮毒蛾。

分布与寄主

分布 黑龙江、辽宁、河南、河北、山东、江苏、安徽、浙江、江西、福建、湖北、湖南、广西、广东、陕西、四川等地。

寄主 柿、石榴、苹果、海棠、梨、山楂、樱桃、桃、李、梅、枇杷、板栗、榛、茶、蔷薇等。

危害特点 幼虫食芽、叶，将叶吃成缺刻或孔洞，严重的将叶片吃光，并啃食枝条的皮。

形态诊断 成虫：雌体长15~18毫米，翅展35~42毫米；雄略小；体黄色或浅橙黄色。触角栉齿状，雄较雌发达；复眼黑色；下唇须橙黄色。前翅黄色，中部具棕褐色宽横带1条，从前缘外斜至中室后缘，折角内斜止于后缘，形成折带，故称折带黄毒蛾。带两侧为浅黄色线镶边，翅顶区具棕褐色圆点2个，位于近外缘顶角处及中部偏前。后翅无斑纹，基部色浅，外缘色深。缘毛浅黄色。卵：半圆形或扁圆形，直径0.5~0.6毫米，淡黄色，数十粒至数百粒成块，排列为2~4层，卵块长椭圆形，并覆有黄色茸毛。幼虫：体长30~40毫米，头黑褐色，上具细毛。体黄色或橙黄色，胸部和第五至十腹节背面两侧各具黑色纵带1条，其胸部者前宽后窄，前胸下侧与腹线相接，五至十腹节者则前窄后宽，至第八腹节两线相接合于背面。臀板黑色，第八节至腹末背面为黑色。第一、二腹节背面具长椭圆形黑斑，毛瘤长在黑斑上。各体节上毛瘤暗黄色或暗黄褐色，其中一、二、八腹节背面毛瘤大而黑色，毛瘤上有黄褐色或浅黑褐色长毛。腹线为1条黑色纵带。胸足褐色，具光泽，腹足发达，淡黑色，疏生淡褐色毛。背线橙黄色，较细，但在中、后胸节处较宽，中断于体背黑斑上。气门下线淡橙黄色，气门黑褐色近圆形。腹足、臀足趾钩单纵行，趾钩39~40个。蛹：长

12～18毫米，黄褐色，臀棘长，末端有钩。茧：长25～30毫米，椭圆形，灰褐色。

发生规律 1年发生2代，以3～4龄幼虫在树洞或树干基部树皮缝隙、杂草、落叶等杂物下结网群集越冬。翌春上树危害芽叶。老熟幼虫5月底结茧化蛹，蛹期约15天。6月中下旬越冬代成虫出现，并交尾产卵，卵期14天左右。第一代幼虫7月初孵化，危害到8月底老熟化蛹，蛹期约10天。第一代成虫9月发生后交尾产卵，9月下旬出现第二代幼虫，危害到秋末。以3～4龄幼虫越冬。幼虫孵化后多群集叶背危害，并吐丝网群居枝上，老龄时多至树干基部、各种缝隙吐丝群集，多于早晨及黄昏取食。成虫昼伏夜出，卵多产在叶背，每雌产卵600～700粒。该虫寄生性天敌有寄生蝇等20多种。

防治方法

农业防治 冬春季清除园内及四周落叶杂草，刮树皮，杀灭越冬幼虫。及时摘除卵块，捕杀群集幼虫。

化学防治 低龄幼虫危害期叶面喷洒80%丙硫磷乳油或48%哒嗪硫磷乳油、50%二嗪磷乳油、50%马拉硫磷乳油1000倍液；2.5%溴氰菊酯乳油3000～3500倍液，10%联苯菊酯乳油4000倍液等。

74 舞毒蛾（图2-74-1至图2-74-6）

属鳞翅目毒蛾科。又名柿毛虫、松针黄毒蛾、秋千毛虫。

分布与寄主

分布 全国各产区。

寄主 樱桃、柿、苹果、柑橘等500余种植物。

危害特点 初孵幼虫群栖危害，稍大后分散危害，白天潜藏在树皮缝、枝杈、树下杂草等多种阴蔽场所，傍晚上树。幼虫蚕食叶片，严重时整树叶片被吃光。

形态诊断 成虫：雄虫体长18～20毫米，翅展45～47毫米，暗褐色；头黄褐色，触角羽状褐色；前翅外缘色深呈带状，翅面上有4～5条深褐色波状横线，中室中央有一黑褐圆斑，中室端横脉上有一黑褐色“<”形斑纹，外缘脉间有7～8个黑点；后翅色较淡，外缘色较浓成带状。雌虫体长25～28毫米，翅展70～75毫米，污白微黄色；触角黑色短羽状，前翅上的横线与斑纹同雄虫相似，暗褐色；后翅近外缘有一条褐色波状横线；外缘脉间有7个暗褐色点；腹部肥大，末端密生黄褐色鳞毛。卵：卵圆形，0.9～1.3毫米，黄褐至灰褐色。幼虫：体长50～70毫米，头黄褐色，正面有“八”字形黑纹；胴部背面灰黑色，背线黄褐，腹面带暗红色，胸、腹足暗红色；各体节各有6个毛瘤横列，背面中央的一对色艳，上生棕黑色短毛，两侧的毛瘤上生黄白与黑色长毛一束。蛹：长19～24毫米，红褐

至黑褐色。

发生规律 1年发生1代，以卵块在树体上、树下砖石块等处越冬。寄主发芽时孵化，初龄幼虫日间多群栖，夜间取食，受惊扰吐丝下垂借风力扩散，故称秋千毛虫。稍大后分散取食，白天栖息在树杈、皮缝或树下土石缝中，傍晚成群上树取食。幼虫50~60天，6月中下旬陆续老熟爬到隐蔽处结薄茧化蛹，蛹期10~15天。7月成虫大量羽化。成虫有趋光性，雄蛾白天在枝间飞舞；雌体大、笨重，很少飞行，常在化蛹处附近产卵，在树上多产于枝干的阴面，卵400~500粒成块，形状不规则，上覆雌蛾腹末的黄褐色鳞毛。天敌主要有舞毒蛾黑瘤姬蜂、喜马拉雅聚瘤姬蜂、脊腿匙宗瘤姬蜂、舞毒蛾卵平腹小蜂、梳胫饰腹寄蝇、毛虫追寄蝇、隔脑狭颊寄蝇等。

防治方法

农业防治 冬春季清理树下砖石、土块，消灭越冬卵。幼虫发生期利用幼虫白天下树潜伏习性，在树干基部堆砖石瓦块，诱集捕杀幼虫。

生物防治 保护和利用天敌。

化学防治 ①在幼虫孵化盛期和分散危害前，喷洒90%晶体敌百虫或50%杀螟硫磷乳油、50%辛硫磷乳油、90%杀螟丹可湿性粉剂1000倍液，2.5%溴氰菊酯乳油或20%氰戊菊酯乳油、1.8%阿维菌素乳油、10%联苯菊酯乳油3000倍液，52.25%蜱氯乳油1500~2000倍液。②于傍晚幼虫上树前，在树干上喷洒高效低毒低残留的触杀剂、或在树干上涂50~60厘米宽的药带，毒杀幼虫。

75 芽白小卷蛾（图2-75-1至图2-75-3）

属鳞翅目卷蛾科。又名顶梢卷叶蛾、顶芽卷蛾。

分布与寄主

分布 除西藏、新疆未见报道外，其他各地均有分布。

寄主 樱桃、桃、苹果、梨、李、杏、山楂等果树。

危害特点 幼虫危害新梢顶端，将叶卷成一团，食害新芽、嫩叶，生长点被食，新梢歪在一边，影响顶花芽形成及树冠扩大。

形态鉴别 成虫：体长6~8毫米，翅展12~15毫米，淡灰褐色；触角丝状；前翅长方形，翅面有灰黑色波状横纹，前缘有数条并列向外斜伸的白色短线，后缘外侧1/3处有一块三角形的暗色斑纹，静止时并成菱形，外缘内侧前缘至臀角间有5~6个黑褐色平行短纹；后翅淡灰褐色。卵：扁椭圆形，长0.7微米，乳白色至黄白色。幼虫：体长8~10毫米，体粗短，污白或黄白色；头、前胸盾、足和臀板均黑褐色；越冬幼虫淡黄色。蛹：长6~8毫米，黄褐色，纺锤形。茧：黄白色，长椭圆形。

发生规律 黄淮地区1年发生3代，山东、华北、东北2代。均以2~3龄幼虫于被害梢卷叶团内结茧越冬，少数于芽侧结茧越冬。1个卷叶团内多为1头幼虫，亦有2~3头者。寄主萌芽时越冬幼虫出蛰转移到邻近的芽危害嫩叶，将数片叶卷在一起，并吐丝缀连叶背茸毛作巢潜伏其中，取食时身体露出。经24~36天老熟于卷叶内结茧化蛹。化蛹期大体为5月中旬至6月下旬，蛹期8~10天。各代成虫发生期：2代区为6月至7月上旬，7月中下旬到8月中下旬；3代区为6月、7月、8月。成虫昼伏夜出，趋光性不强，喜食糖蜜。卵多散产于顶梢上部嫩叶背面，尤喜产于绒毛多处。卵期6~7天。初孵幼虫多在梢顶卷叶危害。末代幼虫危害到10月中下旬，在梢顶卷叶内结茧越冬。

防治方法

农业防治　冬春剪除被害梢干叶团，集中烧毁或深埋；幼虫危害季节及时摘除卷叶团，消灭其中幼虫和蛹。

化学防治　越冬幼虫出蛰盛期及第一代卵孵化盛期是施药的关键时期，可用48%哒嗪硫磷乳油或50%马拉硫磷乳油、50%杀螟硫磷乳油1000倍液，25%三氟氯氰菊酯乳油或20%氰戊菊酯乳油、2.5%溴氰菊酯乳油3000~3500倍液，52.25%蜱·氯乳油1500倍液或10%联苯菊酯乳油4000倍液。

76　二斑叶螨（图2-76-1，图2-76-2）

属真螨目叶螨科。又名白蜘蛛、二点叶螨、棉叶螨、棉红蜘蛛。

分布与寄主

分布　全国各地均有分布。

寄主　桃、李、杏、樱桃等200余种果、菜和农作物。

危害特点　以成螨、若螨在叶背吸食叶片汁液。被害叶片初期仅在中脉附近出现失绿斑点，后叶面结橘黄色至白色丝网，危害重时叶焦枯，状似火烧状，甚至叶脱落。

形态诊断　雌成螨：椭圆形，长约0.5毫米，灰绿色或黄绿色；体背面两侧各有1个褐色斑块，斑块外侧呈不明显的3裂；越冬型雌成螨体为橙黄色，褐斑消失；雄成螨身体呈菱形，长约0.3毫米，黄绿色或淡黄色。卵：圆球形，直径约0.1毫米，白色至淡黄色，孵化前出现2个红色眼点。幼螨：近球形，黄白色，复眼红色，足3对。若螨：椭圆形，黄绿色，体背显现褐斑，足4对。

发生规律　1年发生10余代。以雌成螨在树干翘皮下、粗皮缝隙中、杂草、落叶中及土缝内越冬。春季当日平均气温上升到10℃时，越冬雌成螨出蛰，先在花芽上取食危害，产卵于叶片背面，幼螨孵化后即可刺吸叶片汁液。在6月份以前，害螨在树冠内膛危害和繁殖。在树下越冬的雌螨出蛰后先在杂草或果树根蘖上危害繁殖，6月后向树上转移。7月害螨逐渐向树冠外围扩散，繁殖速度加快。成螨吐丝结网，并产卵其上，也借此进行传播。害螨在夏季高温季节繁殖速度快，各虫态世代重叠。10月雌成螨越冬。天敌有中华草蛉、小花蝽、异色瓢虫、深点食螨瓢虫等。

防治方法

农业防治　及时清除果园杂草，深埋或烧毁，消灭草上的叶螨。

生物防治　在果园种植紫花苜蓿或三叶草，吸引害螨的天敌繁殖生活，可有效控制害螨发生。

化学防治　在害螨发生期，选用10%浏阳霉素乳油1000倍液或1.8%阿维菌素乳油4000倍液、5%唑螨酯乳油2500倍液、15%哒螨灵乳油2000倍液、25%苯丁锡可湿性粉剂1500倍液喷雾。喷药要均匀周到，以叶片背面为主。

77　角斑古毒蛾（图2-77-1至图2-77-5）

属鳞翅目毒蛾科。又名核桃古毒蛾、赤纹夜蛾、杨白纹夜蛾、梨叶毒蛾、囊尾毒蛾。

分布与寄主

分布　黄淮、华北、西北产区。

寄主　柿、核桃、苹果、梨、桃、樱桃、山楂、杏等果树。

危害特点　以幼虫、成虫食芽、叶和果实。初孵幼虫群集叶背取食叶肉，残留上表皮，稍大后分散取食。危害芽多从芽基部蛀食成孔洞，致芽枯死；食害嫩叶，仅残留叶柄；成虫食叶成缺刻和孔洞，重时仅留粗脉；食害果实表面成不规则的凹斑和孔洞，幼果被害多脱落。

形态诊断　成虫：雌雄异型，雌体长10~22毫米，翅退化仅残留痕迹，体略呈椭圆形，灰至灰黄色，密被深灰色短毛和黄、白色茸毛；头很小，触角丝状；足灰色有白毛。雄体长8~12毫米，翅展25~36毫米，体灰褐色，触角短羽毛状；前翅黄褐至红褐色，翅基前半部有白鳞，后半部赭褐色，具波浪形白色细线，近前缘有1赭黄色斑，后缘有1新月形白斑，缘毛暗褐色；后翅栗褐色，缘毛黄灰色。卵：近球形，直径0.8~0.9毫米，初白色渐变灰黄色。幼虫：体长33~40毫米，头部灰至黑色，上生细毛；体黑灰色，被黄色和黑色毛，亚背线上生有白色短毛；前胸两侧各有1束向前伸的由黑色羽状毛组成的长毛；第一至四腹节背面中央各有1簇黄灰至深褐色刷状短毛；第八腹节背面有1束向后斜伸的黑长毛。蛹：长8~20毫米，雌灰色，雄黑褐色。茧：纺锤形，丝质较薄。

发生规律　东北1年发生1代，黄淮地区2代。均以幼虫于树皮缝中及干基部附近的落叶等覆盖物下越冬。1代区，越冬幼虫5月间出蛰危害，6月底老熟吐丝缀叶或于枝杈及皮缝等处结茧化蛹。蛹期6~8天。7月上旬羽化，雄蛾白天飞到于茧上栖息的雌蛾上交配。卵多块产于茧的表面，上覆雌蛾鳞毛。卵期14~20天，孵化后分散危害至越冬。2代区，4月上中旬寄主发芽时出蛰危害，5月中旬化蛹，蛹期15天左右，越冬代成虫6~7月羽化产卵，卵期10~13天。第一代幼虫6月下旬发生，第一代成虫8月中旬至9月中旬发生。第二代幼虫8月下旬发生，危害至9月中旬前后潜入越冬场所越冬，天敌有赤眼蜂、姬蜂、小茧蜂、细蜂、寄生蝇等20多种。

防治方法

农业防治　9月前树干上束草诱幼虫栖息，入冬后解草烧掉。冬春季彻底清除园内枯枝落叶，用硬刷子刮刷老树皮、堵塞树洞等，消灭越冬幼虫。

生物防治　在成虫产卵期，每间隔7天左右，释放松毛虫赤眼蜂1次，连续3次，每株树每次释放3000~5000头，防治效果好。

化学防治　于卵孵化盛期和低龄幼虫期，喷洒90%晶体敌百虫800~1000倍液或50%杀螟硫磷乳油1000倍液、50%辛硫磷乳油1200倍液、50%马拉硫磷乳油1500倍液、5%氯氰菊酯乳油3000倍液、10%溴氰菊酯乳油3500~4000倍液、25%灭幼脲胶悬剂1200倍液等。

78 李枯叶蛾（图2-78-1至图2-78-5）

属鳞翅目枯叶蛾科。又名枯叶蛾、苹叶大枯叶蛾、贴皮虫。

分布与寄主

分布　全国各产区。

寄主　核桃、桃、樱桃、李、梨、苹果等果树。

危害特点　幼虫食害嫩芽和叶片，食叶成孔洞或缺刻，重者吃光叶片仅留叶柄。

形态诊断　成虫：体长30~45毫米，翅展60~90毫米，雄较雌略小，全体赤褐至茶褐色，头中央有一条黑色纵纹；触角双栉齿状；前翅外缘和后缘略呈锯齿状，前缘色较深，翅上有3条波状黑褐色带蓝色荧光的横线，近中室端有一黑褐色斑点，缘毛蓝褐色；后翅短宽，外缘呈锯齿状，前缘橙黄色，翅上有2条蓝褐色波状横线，缘毛蓝褐色。卵：近圆形，直径1.5毫米，绿至绿褐色，带白色轮纹。幼虫：体长90~105毫米，暗褐至灰色，头黑色；各体节背面有2个红褐色斑纹；中后胸背面各有一明显的黑蓝色横毛丛；第八腹节背面有一角状小突起，上生刚毛；各体节生有毛瘤，上丛生黄和黑色长、短毛。蛹：长30~45毫米，黄褐至黑褐色。茧：长椭圆形，长50~60毫米，丝质，暗褐至暗灰色，茧上附有幼虫体毛。

发生规律　东北、华北1年发生1代，河南2代，均以低龄幼虫在干枝皮缝中越冬。翌春寄主发芽后出蛰食害嫩芽和叶片，白天静伏，夜晚取食，常将叶片吃光仅残留叶柄；老熟后多于枝条下侧结茧化蛹。1代区成虫6月下旬至7月发生。2代区成虫5月下旬至6月、8月中旬至9月发生。成虫昼伏夜出，有趋光性。卵常数粒或散产于枝条上。幼虫孵化后分散危害，1代区幼虫达2～3龄、体长20～30毫米时，便于枝干皮缝中越冬；2代区一代幼虫历期30～40天，结茧化蛹、羽化繁殖，第二代幼虫达2~3龄时进入越冬状态。幼虫体扁，体色与树皮相似故不易发现。

防治方法

农业防治　冬春季结合树体管理捕杀幼虫。

物理防治　利用黑光灯或高压汞灯诱杀成虫。

化学防治　卵孵化前后至幼虫3龄前为防治的关键期，叶面喷洒52.25%蜱·氯乳油2000倍液、25%喹硫磷乳油或50%杀螟硫磷乳油、50%马拉硫磷乳油1500倍液、50%辛·溴乳油或20%菊·马乳油2000倍液、2.5%三氟氯氰菊酯乳油或2.5%溴氰菊酯乳油3000倍液、10%联苯菊酯乳油4000倍液等。

79　桃白条紫斑螟 (图2-79-1)

属鳞翅目螟蛾科。又名桃白纹卷叶螟。

分布与寄主

分布　山西、河南等地。

寄主　桃、杏、李、樱桃等果树。

危害特点　幼虫食叶，初龄幼虫啃食下表皮和叶肉，稍大在梢端吐丝拉网缀叶成巢，常数头至十余头群集巢内食叶成缺刻与孔洞，随虫龄增长虫巢扩大，叶柄被咬断者呈枯叶于巢内，丝网上黏附许多粪粒。亦有单独卷叶片危害的。

形态诊断　成虫：体长8～10毫米，翅展18～20毫米，体灰至暗灰色，各腹节后缘淡黄褐色；触角丝状，雄虫鞭节基部有暗灰色至黑色长毛丛略呈球形；前翅暗紫色，基部2/5处有一条白横带，后翅灰色外缘色暗。卵：扁长椭圆形，长0.8～0.9毫米，淡黄白至淡紫红色。幼虫：体长15～18毫米，头灰绿有黑斑纹，体多为紫褐色，前胸盾灰绿色，背线宽黑褐色，两侧各具2条淡黄色云状纵线，臀板暗绿色或紫黑色。低、中龄幼虫体多淡绿色至绿色，头部有浅褐色云状纹，背线深绿色，两侧各有2条黄绿色纵线。蛹：长8～10毫米，头胸和翅芽翠绿色，腹部黄褐色，背线深绿色。茧：纺锤形，长11～13毫米，丝质灰褐色。

发生规律　1年发生2代，以茧蛹于树冠下表土层越冬，少数于皮缝和树洞中越冬。越冬代成虫5月上旬到6月中旬羽化，第一代成虫发生期7月上旬至8月上旬。成虫昼伏夜出有趋光性，卵多散产于枝条上部叶背近基部主脉两侧，单叶落卵多者10余粒，卵期15天左右。第一代幼虫5月下旬开始孵化，6月下旬开始老熟入土结茧化蛹，蛹期15天左右。第二代卵期10~13天，7月中旬开始孵化，8月中旬开始老熟入土结茧化蛹越冬。成虫寿命2~13天。天敌有赤眼蜂、寄生蜂等

防治方法

农业防治　冬春季翻耕树盘，利用低温、鸟食，消灭树冠下土层中的越冬蛹。

生物防治　保护利用天敌。

化学防治　卵孵化后及幼虫结网前，叶面喷洒50%马拉硫磷乳油或50%杀螟硫磷乳油1000倍液、10%氯菊酯乳油或乙氰菊酯乳油1000~1500倍液。

80　云斑鳃金龟（图2-80-1至图2-80-3）

属鞘翅目金龟科。又名大云鳃金龟、石纹金龟子、大理石须金龟、大理石须云斑鳃金龟等。

分布与寄主

分布　除西藏、新疆未见报道外，其他产区均有分布。

寄主　核桃、苹果、梨、杏、桃、樱桃等果树、苗木及旱地农作物。

危害特点　成虫食害芽和叶片，幼虫危害果树苗木的根，食性很杂。

形态诊断　成虫：长椭圆形，背面隆拱，体长28~41毫米，宽14~21毫米，体紫黑色或栗至褐色等，上覆各式白色或乳白色鳞片组成的云斑状白斑，斑间多零星鳞片并散布小刻点，白色鳞片群集点缀如云斑，触角鳃片状，故名云斑鳃金龟。卵：椭圆形，3.5~4毫米×2.5~3毫米，乳白色。幼虫：俗称蛴螬，体长60~70毫米，头宽9.8~10.5毫米，体乳白色，头部黄褐色，臀节腹面刺毛列由10~12根短锥状刺毛组成，排列整齐。蛹：体长49~53毫米，初乳白渐变棕褐色或黑褐色。

发生规律　3~4年1代，以幼虫在20~50厘米深土层中越冬。翌年5月上升到10~20厘米浅土层中危害，老熟幼虫于5月下旬在土中筑蛹室化蛹。蛹期15天，6月中旬成虫始羽化出土上树，7月羽化盛期。成虫昼伏夜出。雄成虫趋光性强，能发出"吱吱"鸣声，其作用是引诱雌虫进行交配。成虫产卵历期20~25天，卵散产在未腐熟的农家肥中或10~30厘米土层中，卵期约20天，幼虫期1360天。幼虫喜欢生活在砂土和砂壤土及未腐熟的农家肥中，危害植物地下幼根。果树幼虫根部受害重。

防治方法

农业防治　重点是抓好幼虫的防治，春秋季园内外土地深耕，并随犁拾虫消灭；避免施用未腐熟的农家肥，减少虫产卵；在发生严重果园，合理控制灌溉，促使幼虫向土层深处转移，避开果树苗木最易受害时期。

物理防治　利用黑光灯诱杀雄成虫。

化学防治　①土壤处理。用50%辛硫磷乳油每亩200~250克，加水10倍喷于25~30千克细土上拌匀成毒土，或用10%辛硫磷颗粒剂1.5~2.5千克加细土拌匀，撒于地面，随即耕翻。②农家肥处理。按5立方米农家肥均匀拌入5%辛硫磷颗粒剂2.5~3千克的比例处理农家肥，可大量杀死其中的幼虫。③树上施药。成虫发生期叶面喷洒52.25%蜱·氯乳油或50%杀螟硫磷乳油、45%马拉硫磷乳油1500倍液、48%毒死蜱乳油或20%甲氰菊酯乳油1500~2000倍液等。

81 鸟害（图2-81-1，图2-81-2）

危害特点　鸟类取食整个果实、啄伤果实、啄掉和挠掉果实，晚熟品种的危害程度轻于早熟品种。

害鸟种类　在我国北方地区，危害甜樱桃的鸟类主要有麻雀、喜鹊、灰喜鹊、灰椋鸟、八哥等。

发生规律　一年中，在樱桃转色期至成熟期鸟类活动最多；一天中，黎明前后和傍晚前后是鸟类活动的2个高峰期，麻雀等以早晨活动较多，而灰喜鹊等则在傍晚前活动较为猖獗；距栖息地较近的地区，鸟害发生较为严重。在鸟类栖息或巢区、林地或池塘附近樱桃园受鸟害较为严重；樱桃园外围的受害率高于中间区域。

防治方法　鸟类可以啄食果园害虫，是有益的。但对果实的危害也应足够重视，以减少果园损失。

人工驱鸟　鸟类在黎明前后和傍晚前后危害较严重，可在此时段设专人反复驱鸟。该方法比较费工，适合离家近且种植面积小的果园。

声音驱鸟　制造惊吓声音驱赶鸟类的方法，包括播放鸟的惨叫声、天敌的叫声及燃放鞭炮等。声音设施应放置在果园的周边和鸟类的入口处，增大防鸟效果。

智能语音驱鸟器　根据仿生学原理，研制的智能语音驱鸟器，不仅可以用鸟类恐惧、愤怒的声音驱赶鸟类，还能利用这些声音吸引天敌。

视觉驱鸟　用于惊吓鸟类的视觉设施包括闪光和运动的物体、天敌模型等。在行间铺设反光膜、在鸟害比较严重的树体上空悬挂彩色闪光条或废旧光盘等反射的光线，可刺激鸟的眼睛，使其在阳光充足的天气下不敢靠近果树，起到驱鸟的作用。也可在果园视角较好的位置放置假人、假鹰，或在果园上空悬挂画有鹰眼、猫眼等图像的气球以及鹰风筝等，可在短期内防止害鸟入侵。该类措施一般在鸟类开始啄食果实前及早设置，以便使某一些鸟类迁移到别处筑巢、觅食。

设置防鸟网　防鸟网是防治鸟害最有效的方法。对树体较矮的果园，于樱桃发黄前在果园上方0.75~1.0米处搭建由8~10号铁丝纵横交织的网架，网架上铺设用尼龙或塑料丝制作的专用防鸟网。网的周边垂至地面并用土压实。也可在树冠的两侧斜拉尼龙网。果实采收后将防护网撤除。此外，防鸟网还可以与防雨棚、防雹网等设施相结合，可起到多重效果，减少设施的单项投入。

第 **3** 章

果园主要杂草
识别与防治

01　葎草（图3-1-1至图3-1-3）

桑科葎草属，一年生或多年生缠绕草本杂草。又名勒草、拉拉藤、拉拉秧。除新疆和青海外，全国各地均有分布。也是棉红蜘蛛、绿盲蝽、棉叶蝉、双斑萤叶蝉等害虫的寄主。

形态识别　种子繁殖。子叶带状，长3~3.8厘米，宽0.4厘米，先端急尖，全缘，有1条明显中脉。下胚轴发达，紫红色，上胚轴很短，密被短柔毛。初生叶2片，对生，卵形，3深裂，每裂片有锯齿。成株茎、枝和叶柄都有倒生的皮刺。叶纸质，通常对生，具长柄，叶片掌状深裂，裂片5~7裂，边缘有粗锯齿，两面有粗硬毛。花单性，雌雄异株，雄花小，淡黄绿色，排列成长15~25厘米的圆锥花序，花被片和雄蕊各5个，雌花排列成近圆形的穗状花序，每2朵花外具1卵形、有白刺毛的小苞片，花被退化为一全缘的膜质片。瘦果扁圆形，先端具圆柱状突起。黄淮地区3、4月间出苗，春、夏、秋生长，花期7~8月，果期8~9月。耐寒，抗旱，喜肥，喜光。

防治方法　深耕，加强田间管理，结合野生植物的利用，在种子成熟前拔除全株。有效除草剂有萘氧丙草胺、草甘膦、灭草松等。

02　中国菟丝子（图3-2-1，图3-2-2）

旋花科菟丝子属，一年生寄生杂草。又名菟丝子、金丝藤、豆寄生、无根草。分布于我国南北大部分地区，以山东、河南、宁夏、黑龙江、江苏最多。

形态识别　种子繁殖。幼苗线状，橘黄色，无叶，出土后，蔓可伸长达6~13厘米，绕上寄主后，就在与寄主接触的部分产生吸器，伸入寄主体内，吸取水分与养料，营寄生生活。此时，其接近地面约2厘米处开始枯萎，约1周之后，蔓开始产生分枝，并向四周迅速蔓延，缠绕到其他寄主上，缠绕茎细弱，黄色或浅黄色，无叶。花多数，簇生，有时2个并生，花萼杯状，5裂，裂片卵圆形或长圆形；花冠白色，壶状或钟状；裂片5个，向外反曲，果熟时将果实全部包住，雄蕊5个，花丝短鳞片5个，近长圆形，花柱2个，直立，柱头椭圆形，淡黄褐色或褐色，表面较粗糙，有白霜状突起。菟丝子喜高温湿润气候，对土壤要求不严，适应性较强。在果树生长季节，遇到适宜寄主就缠绕在上面，在接触处形成吸根伸入寄主，吸根进入寄主组织后，部分组织分化为导管和筛管，分别与寄主的导管和筛管相连，自寄主吸取养分和水分。菟丝子一旦幼芽缠绕于寄主植物体上，生活力极强，生长旺盛，最喜寄生于豆科植物上。

防治方法　注意早期发现，及时铲除毁掉。有效除草剂有地乐胺、甲草胺、扑草净、异丙甲草胺、乙草胺、萘氧丙草胺等。

03 莎草（图3-3-1，图3-3-2）

莎草科莎草属，多年生杂草。又名香附子、猪毛草、九蓬根、三棱草、回头青。广布南北各地。是旱作物田、果园的常见杂草。

形态识别 块茎和小坚果（种子）繁殖。第一片真叶带状披针形，叶片长1.6厘米，宽0.3毫米，有5条明显的平行脉，叶片横剖面形状呈"V"形，叶片与叶鞘之间无明显连接处。第二片真叶与第一叶相似。第三片真叶有11条明显平行脉，其他与第二叶相似。根状茎和块根长匍匐状。秆散生直立，高20~95厘米，锐三棱形。叶基生，短于秆，叶鞘基部棕色，叶状苞片3~5个，下部的2~3片长于花序，长侧枝聚伞花序简单或复出，具3~10条长短不等的辐射枝，每枝有3~10个小穗排成伞形状；小穗条形，具6~26个小花；小穗轴有白色透明的翅。鳞片卵形或宽卵形，背面中间绿色，两侧紫红色，雄蕊3个，柱头3个，伸出鳞片外。小坚果三棱长圆形，暗褐色，表面具细点。种子成熟落地后经短暂休眠期，即可发芽；块茎春季气温回暖后发芽，春夏秋生长，花果期5~10月。

防治方法 全面深耕，加强田间管理，适时中耕除草。有效除草剂有甲草胺、异丙甲草胺、茅草枯、乙草胺、草甘膦、噁草酮、灭草松、敌草隆等。

04 藜（图3-4-1至图3-4-3）

藜科藜属，一年生杂草。又名灰条菜、灰菜、灰灰菜。全国各地均有分布，是世界恶性杂草，也是地老虎、棉铃虫、双斑萤叶甲等害虫的寄主。

形态识别 种子繁殖。子叶长椭圆形，长1.4厘米，宽4毫米，先端钝圆，叶基阔楔形，全缘，背面有白色粉粒层，具长柄。下胚轴非常发达，红色；上胚轴亦很发达，具棱条纹，密布白色粉粒。初生叶2片，对生，单叶，三角状卵形，先端急尖，叶缘微波状，叶基戟形，两面均被白色粉粒。成株高60~120厘米。茎直立，粗壮，有棱和绿色或紫红色的条纹，多分枝。叶互生，具长柄；叶片菱状卵形至披针形，边缘有不整齐的浅裂，两面均被白色粉粒，灰绿色。花两性，数个集成团伞花簇，多数花簇排成腋生或顶生的圆锥状花序，花被片5个，具纵隆背和膜质的边缘，雄蕊5个，柱头2个。胞果完全包于花被内或顶端稍露，果皮薄，紧贴种子，种子双凸镜形，光亮，表面有不明显的沟纹及点洼。黄淮地区9、10月或春季气温回暖后种子发芽，春、夏、秋生长，花期8~9月。果期9~10月。

防治方法 合理轮作，全面秋深耕，施用腐熟的农家肥料，适时中耕除草，并在种子成熟前彻底清除园地及田旁隙地的杂草。有效除草剂有甲草胺、异丙甲草胺、乙草胺、敌稗、萘氧丙草胺、西玛津、扑草净、噁草酮、乙氧氟草醚、百草枯、草甘膦等。

05 马唐（图3-5-1，图3-5-2）

禾本科马唐属，一年生杂草。又名叉子草、鸡爪草、大抓根草。全国各地均有分布。也是农、菜、果炭疽病、黑穗病、稻纵卷叶螟、黏虫、稻蓟马、黑尾叶蝉、蚜虫等病虫的寄主。

形态识别 种子繁殖。第一片真叶卵状披针形，长1厘米，宽3.5毫米，先端急尖，叶缘具睫毛，有19条直出平行脉。叶片与叶鞘之间有一不甚明显的环状叶舌，其顶端齿裂，但无叶耳，叶鞘有7条脉，外表密被长柔毛。第二片真叶呈带状披针形，叶片与叶鞘之间有一明显的三角状，其顶端有齿裂的叶舌。成株秆基部倾卧地面，节处着地易生根，高40～100厘米，光滑无毛。叶片条状披针形，两面疏生软毛或无毛；叶鞘大都短于节间，鞘口或下部疏生软毛；叶舌膜质，先端钝圆。总状花序3～10枚，指状排列或下部的近于轮生；小穗通常孪生，一有柄，一无柄；第一颖微小，第二颖长约为小穗的一半或稍短于小穗，边缘有纤毛；第一外稃与小穗等长，具5～7脉，脉间距离不匀而无毛；第二外稃边缘膜质，覆盖内稃。颖果椭圆形，透明。黄淮地区春季气温回暖后种子发芽，春夏秋生长，花期8～9月。果期9～10月。

防治方法 合理轮作；田间及时中耕除草；有效除草剂有吡氟禾草灵、甲草胺、异丙甲草胺、乙草胺、敌稗、萘氧丙草胺、氟乐灵、灭草松、西玛津、噁草酮、茅草枯、草甘膦、敌草隆等。

06 狗尾草（图3-6-1，图3-6-2）

禾本科狗尾草属，一年生杂草。又名牛尾草、黄狗尾草、黄安草。全国各地均有分布，是旱作苗圃、果园常见的杂草。

形态识别 种子繁殖。第一片真叶带状，长2～3.5厘米，宽3～4毫米，先端急尖，有26条直出平行脉，其中3条较粗，叶片与叶鞘之间有一圈毛状叶舌，叶鞘紫红色。第二片真叶呈带状披针形，叶片基部腹面上疏生长柔毛。成株茎秆直立或基部倾斜地面，节处着地易生根，高20～90厘米。叶片条形，叶面近基部处常有毛；叶鞘扁而具脊，淡红色，光滑无毛；叶舌为一圈长约1毫米的柔毛，圆锥形，含1～2朵花，先端尖，通常在一簇中仅一个发育；第一颖长约为小穗的1/3，第二颖长约为小穗的一半，有5～7脉；第一外稃与小穗等长，具5脉，内稃膜质，与外稃近等长。谷粒先端尖，成熟时有明显的横皱纹，背部极隆起。黄淮地区春季气温回暖后种子发芽，春夏秋生长，花期8~9月。果期9~10月。

防治方法 合理轮作；田间及时中耕除草；有效除草剂有吡氟禾草灵、甲草胺、异丙甲草胺、乙草胺、敌稗、萘氧丙草胺、氟乐灵、灭草松、西玛津、噁草酮、茅草枯、草甘膦、敌草隆等。

07　马齿苋（图3-7-1至图3-7-3）

马齿苋科马齿苋属。一年生杂草。全国各地都有分布。

形态识别 种子繁殖和营养繁殖。种子发芽的适宜温度为20~30℃，发芽的土层深度在3厘米以内。幼苗肉质，光滑无毛，下胚轴发达，子叶出土长圆形，肥厚，长约4毫米，具短柄；初生叶2片。生长季节植株及茎枝断体，着地极易生根成活，群众俗称"晒不死"。茎多分枝，平卧地面，绿色或紫红色，肉质。单叶对生，有时互生，长圆形或倒卵形，长10~25毫米，宽5~15毫米，全缘，先端钝圆或微凹，基部宽楔形，肉质，光滑无毛；柄极短。花3~8朵，顶生茎顶；萼片2个；花瓣5枚，黄色，倒卵状长圆形，具凹头，下部结合；蒴果圆锥形，长5~7毫米；种子多数，肾状卵圆形，表面黑褐色，有排列整齐的小瘤状突起。黄淮地区4月底5月初出苗，春夏秋生长，花果期5~9月，种子于6月即渐次成熟落地发芽或混杂于堆肥中传播。

防治方法 及时中耕，携出园外集中堆沤。有效除草剂有异丙甲草胺、氟乐灵、嗪草酮、乙氧氟草醚、异丙甲草胺、萘氧丙草胺、灭草松等。

08　牛筋草（图3-8-1，图3-8-2）

禾本科䅟属，一年生杂草。又名蟋蟀草。世界性恶性杂草，全国各地都有分布。也是许多果树病虫害的寄主。

形态识别 种子繁殖。发芽适宜土壤含水量10%~40%，温度20~40℃，发芽的土层深度以0~1厘米为宜，3厘米以下不发芽。成株须根细密，扎根较深，分蘖也多，不易拔除。地上茎秆扁，自基部分枝，斜升或偃卧，质地坚韧。叶片条形；叶鞘压扁，鞘口有毛；叶舌短。穗状花序2~7枚，指状排列于秆顶；小穗无柄，含3~6朵小花，成2行排列于宽扁穗轴的一侧。果实为囊果，种子黑棕色，被膜质果皮疏松地包着，易分离。种子经冬季休眠后萌发，在黄淮地区4月下旬发芽出土，春夏秋生长，7~8月抽穗开花，果熟期8~10月，随熟随落，由水、风或动物传播。

防治方法 及时中耕除草，并将草携出园外堆沤。有效除草剂有稀禾啶、草甘膦、禾草灭、噁草酮、萘氧丙草胺、异丙甲草胺、吡氟禾草灵、烯禾啶、氟乐灵等。

09 反枝苋（图3-9-1至图3-9-3）

苋科苋属，一年生杂草。又名西风谷。分布于东北、华北、西北、华中等地。也是蚜虫、蛾类幼虫的寄主。

形态识别 种子繁殖。适宜发芽温度15~30℃，土层深度在5厘米以内。华北地区4月中下旬出苗，幼苗子叶2片，绿色或紫红色，有毛，长椭圆形，长6~12毫米、宽1.2~2毫米；初先叶1片，卵形，全缘，先端微凹，叶面灰绿色，叶背紫红色。成株茎高20~80厘米，粗壮，单一或分枝，密生短柔毛。叶菱状卵形或椭圆状卵形，顶端有小尖头，基部楔形、全缘或波状缘。圆锥花序顶生或腋生，由多数穗状花序组成；花单性或杂性，苞片和小苞片膜质；花被5个，白色，有1淡绿色中脉。胞果扁球形；种子倒卵形或近球形，棕黑色。春夏秋生长，花果期7~9月，8月起种子陆续成熟，随熟随落，以风、雨水、肥等方式传播。

防治方法 及时中耕，铲除杂草；叶片可食，可以拔除佐餐；有效除草剂有噁草酮、灭草松、萘氧丙草胺、异丙甲草胺、乙氧氟草醚、氟乐灵、禾草灭等。

10 白茅（图3-10-1至图3-10-5）

禾本科白茅属，多年生杂草，地下具根茎。分布于全国各地，尤以南方地区为多。也是褐飞虱、灰飞虱的寄主。

形态识别 根茎和种子（颖果）繁殖。根茎粗长，横卧地下，长达2~3米以上，节上生褐色或淡黄鳞片状叶和不定根，断节再生能力极强，根状茎可以穿透树根。根茎咀嚼有甜味。成株茎秆直立，2~3节，节上有长4~10毫米之柔毛；叶多聚集基部，叶鞘无毛或上部边缘和鞘口有纤毛，老时基部破碎成纤维状；叶舌膜质，长约1毫米；叶片条形或条状披针形，先端渐尖，基部渐狭，长5~60厘米，宽2~8毫米；顶生叶片短小。圆锥花序圆柱状，分枝短缩密集，小穗披针形或长圆形，长3~4毫米，基部密生长10~15毫米的丝状柔毛。黄淮地区4月中下旬根茎上发芽出苗，5月上旬抽穗开花，颖果成熟后随风飘散，入土后即能发芽，当年生的实生苗即能形成地下根茎；白茅适应性强，耐阴、耐瘠薄和干旱，喜湿润疏松土壤，在适宜的条件下，一旦形成草害即很难彻底清除。

防治方法 深翻土壤，发现有白茅发生即彻底清除，防止形成灾害；有效除草剂有乙氧氟草醚、草甘膦、茅草枯、烯禾啶等。

11 稗草（图3-11-1至图3-11-4）

禾本科稗属，一年生杂草。又名芒早稗、水田草、水稗草等，和稻子外形极为相似。全国各地果园都有分布。

形态识别　种子繁殖。平均气温12℃以上种子萌发。东北、华北稗草于4月下旬开始出苗，7月上旬开始抽穗开花，生长到8月中旬，生育期76～130天。南方生长期更长，花果期7～10月。成株秆丛生，基部膝曲或直立，株高50～130厘米。湿地或水中直立生长；旱地上，茎秆分散贴地生长。叶片条形，无毛；叶鞘光滑无叶舌。圆锥花序稍开展，直立或弯曲；总状花序常有分枝，斜上或贴生；小穗有2个卵圆形的花，长约3毫米，具硬疣毛，密集在穗轴的一侧；颖有3～5脉；第一外稃有5～7脉，先端具5～30毫米的芒；第二外稃先端具小尖头，粗糙。颖果米黄色卵形。种子卵状，椭圆形，黄褐色。

防治方法　人工及时拔除，种子成熟前铲除，减少种子存留和来年发生；有效除草剂有乙氧氟草醚、乙草胺、丙草胺、丁草胺、二甲戊灵、二氯喹啉酸、五氟磺草胺等。

12 荩草（图3-12-1，图3-12-2）

禾本科荩草属，一年生杂草。又名细叶秀竹、马耳草。全国各地均有分布。

形态识别　种子繁殖和分株繁殖。秆细弱无毛，基部倾斜，高30～45厘米，分枝多节。叶鞘短于节间，有短硬疣毛；叶舌膜质，边缘具纤毛；叶片卵状披针形，长2～4厘米，宽8～15毫米，除下部边缘生纤毛外，余均无毛。总状花序细弱，长1.5～3厘米，2～10个成指状排列或簇生于秆顶，穗轴节间无毛。花黄色或紫色，长0.7～1毫米。颖果长圆形。春季发芽，春夏秋生长，花、果期8～11月。

防治方法　及时中耕除草，并将草携出园外堆沤。有效除草剂有莎扑隆、草甘膦、噁草酮、萘氧丙草胺、异丙甲草胺、吡氟禾草灵、唏禾啶、氟乐灵等。

13 看麦娘（图3-13-1，图3-13-2）

禾本科看麦娘属，一年生杂草。主要分布于华东、中南地区及云南、四川、陕西、河南、河北等地。冬春季节地势低洼的园地发生危害重。并是黑尾叶蝉、白翅叶蝉、灰飞虱、稻蓟马、红蜘蛛的寄主。看麦娘叶量丰富，草质好，蛋白质含量较高，产草量中等，春、夏季刈割采收，晒干或可作为牧草鲜用。

形态识别　种子繁殖。秋冬季出苗越冬，幼苗第一幼叶片线形，先端钝，长

10~15毫米，绿色，无毛。第二、第三叶片线形，先端尖锐，长18~22毫米，叶舌薄膜质。成株须根细软。秆少数丛生，柔软，叶鞘光滑，高15~40厘米。叶片扁平质薄。小穗椭圆形或卵状长圆形，灰绿色，长2~7厘米。颖和外稃膜质。花药橙黄色，长0.5~0.8毫米，春季生长旺盛，花果期4~6月。颖果线状倒披针形，暗灰色。

防治方法 合理轮作；田间及时中耕除草；有效除草剂有绿麦隆、扑草净、乙氧氟草醚、禾草灵、精恶唑禾草灵、野麦畏等。

14 猪殃殃（图3-14-1至图3-14-3）

茜草科拉拉藤属，一年生或越年生杂草。又名拉拉藤、锯锯藤、细叶茜草、锯子草、活血草。全国各地果园均有分布。

形态识别 种子繁殖。以种子或幼苗越冬。黄淮地区9~11月发芽出土，以幼苗越冬，生长期较长。多枝、蔓生或攀缘状草本。茎具4棱，棱上、叶缘及叶背面中脉上均有倒生小刺毛。叶4~8片轮生，近无柄；叶片纸质或近膜质，条状倒披针形，长1~3厘米，先端有凸尖头，干时常卷缩。聚伞花序腋生或顶生，有花数朵；花小，白色或淡黄色；花冠4裂。春夏秋生长，花期3~7月，果期4~11月。成熟种果坚硬，圆形，两个连生在一起，内有种子2个。

防治方法 生长季节人工及时除草；种子成熟前清除，减少种子生成量。化学防治可用苯磺隆、噻磺隆、苄嘧磺隆、麦草畏、阔草清、旱草灵、乙草胺、草除灵等除草剂。

15 小飞蓬（图3-15-1至图3-15-3）

菊科白酒草属，越年生或一年生杂草。又名小蓬草、小白酒草、祁州一枝蒿。我国大部分地区有分布。是棉铃虫和棉椿象的中间宿主。

形态识别 种子繁殖。以种子或幼苗越冬。10月初种子发芽出土，幼苗除子叶外全体被粗糙毛，子叶卵圆形，初生叶椭圆形，基部楔形，全缘。春夏秋生长，花期在次年6~9月份，种子于7、8月渐次成熟随风飞散传播。茎直立，株高50~120厘米，具粗糙毛和细条纹。叶互生，叶柄短或不明显。叶片窄披针形，全缘或微锯齿，有长睫毛。头状花序，密集成圆锥状或伞房状。花梗较短，边缘为白色的舌状花，中部为黄色的筒状花。瘦果扁平，矩圆形，具斜生毛，冠毛1层，白色刚毛状，易飞散。

防治方法 深耕，加强田间管理，结合野生植物的利用在种子成熟前拔除全株。有效除草剂有萘氧丙草胺、草甘膦、灭草松、精吡氟禾草灵、扑草净等。

16 蛇莓（图3-16-1至图3-16-3）

蔷薇科蛇莓属，多年生草本杂草。又名野草莓、地莓。辽宁以南各地都有分布。

形态识别 种子和分株繁殖。全株有柔毛；匍匐茎多数，长30~100厘米。小叶片倒卵形至菱状长圆形，长2~5厘米，宽1~3厘米，先端圆钝，边缘有钝锯齿，具小叶柄；叶柄长1~5厘米；托叶窄卵形至宽披针形，长5~8毫米。花单生于叶腋；直径1.5~2.5厘米；花梗长3~6厘米，萼片卵形，长4~6毫米，先端锐尖；副萼片倒卵形，长5~8毫米，比萼片长，先端常具3~5锯齿；花瓣倒卵形，长5~10毫米，黄色，先端圆钝；雄蕊20~30枚；心皮多数，离生；花托在果期膨大，海绵质，鲜红色，有光泽，直径10~20毫米，外面有长柔毛。瘦果卵形，长约1.5毫米，光滑或具不明显突起，鲜时有光泽。春夏秋生长，花期6~8月，果期8~10月。

防治方法 深耕，加强田间管理，结合野生植物的利用在种子成熟前拔除全株。有效除草剂有噁草酮、灭草松、萘氧丙草胺、嗪草酮、异丙甲草胺、乙氧氟草醚、氟乐灵、扑草净等。

17 酸模（图3-17-1至图3-17-5）

蓼科酸模属，多年生草本杂草。又名山大黄、当药、山羊蹄、酸母、南连。分布于全国各地。

形态识别 种子和分株繁殖。根为须根。茎直立，株高40~100厘米，通常不分枝。基生叶和茎下部叶箭形，长3~12厘米，宽2~4厘米，顶端急尖或圆钝；叶柄长2~10厘米；茎上部叶较小，具短叶柄或无柄。花序狭圆锥状，顶生，分枝稀疏；花单性；雌雄异株；花被6片，2轮生。瘦果椭圆形，具3锐棱，两端尖，长约2毫米，黑褐色，有光泽。春夏秋生长，花期5~7月，果期6~8月。

防治方法 合理轮作，全面秋深耕，施用腐熟的农家肥料，适时中耕除草，并在种子成熟前彻底清除，减少种子残留。有效除草剂有甲草胺、异丙甲草胺、乙草胺、萘氧丙草胺、西玛津、扑草净、噁草酮、乙氧氟草醚、百草枯、草甘膦等。

18 刺儿菜（图3-18-1至图3-18-3）

菊科蓟属，多年生草本植物。又名小蓟草。除西藏、云南、广东、广西外，全国各地都有分布。

形态识别 种子繁殖，秋季或春季发芽出土；或地下根茎无性繁殖。春夏季生长旺盛。长匍匐根茎，地下部分常大于地上部分。茎直立，幼茎被白色蛛丝状毛，有棱，高30~120厘米，基部直径3~5毫米，上部有分枝，花序分枝无毛或有薄绒毛。叶互生，基生叶花时凋落，下部和中部叶椭圆形或椭圆状披针形，长7~10厘米，宽1.5~2.2厘米，表面绿色，背面淡绿色，两面有疏密不等的白色蛛丝状毛，顶端短尖或钝，基部窄狭或钝圆，近全缘或有疏锯齿，无叶柄。头状花序单生茎端，有少数伞房花序；总苞卵形、长卵形或卵圆形，直径1.5~2厘米；总苞片约6层，覆瓦状排列；小花紫红色或白色，两性花，花冠长1.8厘米左右。瘦果淡黄色，椭圆形或偏斜椭圆形，长3毫米，宽1.5毫米。冠毛污白色，多层，整体脱落。花果期5~9月。

防治方法 园地深耕，捡拾地下根茎带出园外处理；结合茎叶可以作饲草的特性，有目的地刈割利用。采用嗪草酮、双苯酰草胺、唑草酮、双氟磺草胺、2甲4氯钠等除草剂进行防治。

19 长裂苦苣菜（图3-19-1至图3-19-4）

菊科苦苣菜属，多年生草本植物。又名败酱草、小蓟、苣荬菜、曲曲芽。主要分布于我国西北、华北、东北等海拔200~2300米地带。

形态识别 种子和分株繁殖。全株有乳汁。地下根状茎匍匐。茎直立，高30~80厘米，少分支。多数叶互生，披针形或长圆状披针形；长8~20厘米，宽2~5厘米，先端钝，基部耳状抱茎，边缘有疏缺刻或浅裂，缺刻及裂片都具尖齿；基生叶具短柄，茎生叶无柄。头状花序顶生，单一或呈伞房状，直径2~4厘米，总苞钟形；花为舌状花，鲜黄色；雄蕊5枚，花药合生；雌蕊1枚，子房下位，花柱纤细，柱头2裂，花柱与柱头都有白色腺毛。瘦果，有棱，侧扁，具纵肋，先端具多层白色冠毛，冠毛细软。黄淮地区春季发芽，4~5月营养生长期，5~6月开花期，6~7月结实，其后为果后营养期，10月下旬后枯黄。

防治方法 及时中耕，铲除杂草；有效除草剂有伏草隆、噁草酮、灭草松、萘氧丙草胺、异丙甲草胺、乙氧氟草醚、氟乐灵等。

20 苍耳（图3-20-1至图3-20-5）

菊科苍耳属，一年生草本植物。全国各地均有分布。

形态识别 种子繁殖。茎直立不分枝或少有分枝，株高20~90厘米。叶三角状卵形或心形，长4~9厘米，宽5~10厘米，近全缘，或有3~5片不明显浅裂，顶端尖或钝，基部稍心形，与叶柄连接处成相等的楔形，边缘有不规则的粗锯齿，叶被粗糙或短白绒毛，叶柄长3~11厘米。雄性的头状花序球形，直径4~6

毫米，有或无花序梗，总苞片长圆状披针形，长1～1.5毫米，被短柔毛，花托柱状，托片倒披针形，长约2毫米，顶端尖，雄花多数，花冠钟形；花药长圆状线形；雌性的头状花序椭圆形，外层总苞片小，披针形，长约3毫米，被短柔毛，内层总苞片结合成囊状，宽卵形或椭圆形，绿色、淡黄绿色或红褐色。

带总苞的果实中药称为苍耳子，具药用价值，成熟时坚硬，倒卵形，连同喙部长12～15毫米，宽4～7毫米，外面有疏生的具钩状的刺，刺极细，基部微增粗，长1～1.5毫米，喙坚硬，锥形，上端略呈镰刀状，长2.5毫米左右，不等长。4～5月发芽出土，5～9月营养和生殖生长同时生长，7～9月开花，9～10月成熟。

防治方法 加强果园管理，即时中耕除草，特别在苍耳子成熟前，彻底拔除单株，减少种子留存；苍耳子可以入药，可以利用。还可用灭草松、噁草酮、扑草净、绿麦隆、氟磺胺草醚、西玛津等除草剂进行防除。

㉑ 三叶鬼针草（图3-21-1至图3-21-4）

菊科鬼针草属，一年生草本植物。又名鬼针草、粘人草、豆渣菜、盲肠草。分布于华东、华中、华南、西南各地。

形态识别 种子繁殖。茎直立，高30～100厘米，钝四棱形，无毛或上部被极稀疏的柔毛，基部直径可达6毫米以上。茎下部叶较小，3裂或不分裂，通常在开花前枯萎，中部叶具长1.5～5厘米无翅的柄，小叶3枚，少数具5～7小叶的羽状复叶，两侧小叶椭圆形或卵状椭圆形，长2～4.5厘米，宽1.5～2.5厘米，先端锐尖，基部近圆形或阔楔形，有时偏斜，不对称，具短柄，边缘有锯齿，顶生小叶较大，长椭圆形或卵状长圆形，长3.5～7厘米，先端渐尖，基部渐狭或近圆形，具长1～2厘米的柄，边缘有锯齿，上部叶小，3裂或不分裂，条状披针形。头状花序直径8～9毫米，有长3～10厘米的花序梗。总苞基部被短柔毛，苞片7～8枚，条状匙形，上部稍宽，长3～5毫米，外层托片披针形，长5～6毫米。盘花筒状，长约4.5毫米。瘦果黑色，条形，略扁，具棱，长7～13毫米，宽约1毫米，上部具稀疏瘤状突起及刚毛，顶端芒刺3～4枚，长1.5～2.5毫米，具倒刺毛。春季发芽，夏秋生长，花果期9～11月。

防治方法 嫩芽叶可食，幼苗时人工拔除，作凉拌菜；园地及时中耕；采用唑草酮、伏草隆、双氟磺草胺、2甲4氯钠、甲草胺等化学除草剂防治。

㉒ 硬质早熟禾（图3-22-1至图3-22-3）

禾本科早熟禾属，多年生、密丛型草本植物。分布于东北、华北、西北、华中等地。

形态识别 种子和分株繁殖。秆高30~60厘米，具3~4节。叶鞘基部淡紫色，叶舌长约4毫米，先端尖；叶片长3~7厘米，宽1毫米，稍粗糙。圆锥花序紧缩而稠密，长3~10厘米，宽约1厘米；分枝长1~2厘米，4~5枚着生于主轴各节；小穗柄短于小穗，侧枝基部即着生小穗；小穗绿色，熟后草黄色，长5~7毫米，含4~6小花；花药长1~1.5毫米。颖果长约2毫米。9、10月发芽，冬、春、初夏生长，花果期5~8月。

防治方法 幼嫩时人工拔除可作饲草；园地及时中耕；有效除草剂有草甘膦、噁草酮、萘氧丙草胺、异丙甲草胺、吡氟禾草灵、烯禾啶、氟乐灵等。

23 艾蒿（图3-23-1，图3-23-2）

菊科蒿属，多年生草本植物。又名艾草、香艾、艾、灸草等。分布于全国各地。

形态识别 种子繁殖和分株繁殖。植株有香气。主根明显，略粗长，直径可达2毫米以上，侧根多；茎单生或少数，高80~250厘米，有明显纵棱，褐色或灰黄褐色，基部稍木质化，上部草质，并有少数短的分枝，枝长3~5厘米；茎、枝均被灰色蛛丝状柔毛。叶厚纸质，背面密被灰白色蛛丝状密绒毛；茎下部叶近圆形或宽卵形，羽状深裂，每侧具裂片2~3枚；叶柄长0.5~0.8厘米；中部叶卵形、三角状卵形或近菱形，长5~8厘米，宽4~7厘米，1~2羽状深裂至半裂，每侧2~3裂，裂片卵形，长2.5~5厘米，宽1.5~2厘米，叶脉明显；上部叶与苞片叶羽状半裂、浅裂或3深裂或3浅裂，或不分裂，而为椭圆形、长椭圆状披针形、披针形或线状披针形。头状花序椭圆形，直径2.5~3.5毫米，无梗或近无梗，每数枚至10余枚在分枝上排成小型的穗状花序或复穗状花序；花序托小；两性花8~12朵。瘦果长卵形或长圆形。北方地区，宿根3月初发芽，种子4月中下旬萌发出土，7月开花，8月下旬至9月上旬种子成熟，10月中旬植株枯黄。

防治方法 艾蒿及时采收作中药利用，在不影响树体生长的情况下可以作果园生草草类保存利用。若因生长位置不合适，影响果树生长，需要清除时，可采用割除并挖根措施；还可用甲草胺、灭草松、毒草胺、噁草酮、扑草净、绿麦隆、氟磺胺草醚、西玛津等化学除草剂防除。

24 蒌蒿（图3-24-1至图3-24-3）

菊科蒿属，多年生草本植物。又名蒿草。分布于全国各地。

形态识别 种子繁殖和分株繁殖。植株有普通青草味。主根不明显或稍明显，具多数侧根；茎单生或少数，高60~150厘米，初时绿褐色，后为紫红色，有明显纵棱，下部通常半木质化，上部有着生头状花序的分枝，枝长6~12厘米，斜向上。叶纸质或薄纸质，表面密被灰白色蛛丝状平贴的绒毛；茎下部叶宽卵形或卵形，长8~12厘米，宽6~10厘米，近成掌状或指状，5或3全裂或深裂，极少7裂或不分裂的叶，分裂叶的裂片线形或线状披针形，长5~8厘米，宽3~5毫米，不分裂的叶片为长椭圆形、椭圆状披针形或线状披针形，长6~12厘米，宽5~20毫米，先端锐尖，边缘通常具细锯齿，叶柄长0.5~2.5厘米；中部叶近成掌状，5深裂或为指状3深裂，少不分裂之叶，长3~5厘米，宽2.5~4毫米；上部叶与苞片叶指状3深裂，2裂或不分裂。头状花序多数，长圆形或宽卵形，直径2~2.5毫米，近无梗，直立或稍倾斜，在分枝上排成密穗状花序；雌花8~12朵；两性花10~15朵。瘦果卵形，略扁。北方地区，宿根3月初发芽，种子4月中下旬萌发出土，7月开花，8月下旬至9月上旬种子成熟，10月中旬植株枯黄。

防治方法 无药用价值，应及时割除并挖根；还可用毒草胺、灭草松、氟乐灵、噁草酮、扑草净、绿麦隆、氟磺胺草醚、西玛津等除草剂进行防除。

(25) 泥胡菜（图3-25-1至图3-25-3）

菊科泥胡菜属，一年生或越年生草本植物。除新疆、西藏未见报道外，遍布全国。

形态识别 种子繁殖。茎单生，高30~100厘米，被稀疏蛛丝毛，上部常分枝。基生叶长椭圆形或倒披针形，叶柄长达8厘米左右，最上部茎叶无叶柄；中下部茎叶与基生叶同形，长4~15厘米或更长，宽1.5~5厘米或更宽，全部叶大头羽状深裂或几全裂，侧裂片2~6对，倒卵形、长椭圆形、匙形、倒披针形或披针形，向基部的侧裂片渐小，顶裂片大，长菱形、三角形或卵形，全部裂片边缘三角形锯齿或重锯齿；少有全部茎叶不裂或下部茎叶不裂。茎叶质地薄，上面绿色，无毛，下面灰白色，被厚或薄茸毛。

头状花序在茎枝顶端排成疏松伞房花序；总苞宽钟状或半球形，直径1.5~3厘米；总苞片多层，覆瓦状排列，外层长三角形，中层椭圆形或卵状椭圆形，内层线状长椭圆形或长椭圆形。小花紫色或红色，花冠长1.4厘米左右。瘦果小，楔状或偏斜楔形，长2.2毫米，深褐色。秋季发芽出土，幼苗越冬，春夏生长，花果期5~6月。

防治方法 及时中耕除草，特别是种子成熟前清除，减少种子留存；有效除草剂有丁草胺、噁草酮、灭草松、萘氧丙草胺、异丙甲草胺、乙氧氟草醚、氟乐灵等。

(26) 苘麻（图3-26-1至图3-26-4）

锦葵科苘麻属，一年生亚灌木草本植物。全国除青藏高原外，其他各地均有分布。其茎皮纤维色白，具光泽，可作编织麻袋、搓绳索、编麻鞋等纺织材料。种子含油量15% ~16%，供制皂、油漆和工业用润滑油；麻秆色白轻巧，可做纸扎工艺品的骨架或微型建筑造型工艺品用材；全草可作药用。

形态识别 种子繁殖。茎枝被柔毛，高达1~3米。叶互生，圆心形，长5~15厘米，先端长渐尖，基部心形，边缘具细圆锯齿，两面均密被星状柔毛；叶柄长3~12厘米，被星状细柔毛；托叶早落。花单生于叶腋，花梗长1~13厘米，被柔毛；花萼杯状，密被短绒毛，裂片5片，卵形，长约6毫米；花黄色，花瓣倒卵形，长约1厘米。蒴果半球形，直径约2厘米，长约1.2厘米，分果片15~20个，被粗毛，顶端具长芒2个；种子肾形，未成熟乳白色，成熟褐色。春夏生长，花期7~8月。

防治方法 加强果园管理，即时中耕除草，特别在苘麻成熟前，彻底拔除单株，减少种子留存。还可用有2,4-滴类、麦草畏、异丙甲草胺、利谷隆、灭草猛、氟磺胺草醚、西玛津、哒草特、灭草松、百草枯、苯磺隆、克阔乐、氯磺隆、草净津等除草剂进行防除。

27 醴肠（图3-27-1至图3-27-3）

菊科醴肠属，一年生草本植物。又名旱莲草、墨草、莲子草。地老虎的寄主。

形态识别 种子繁殖，黄淮地区种子5月出苗，6~7月出苗高峰期，夏季生长旺盛。幼苗除子叶外，全体有毛。茎直立或平卧，高20~60厘米，基部分枝绿色或红褐色，着土后节易生根。根深茎脆不易拔除，茎叶折断有墨水状汁液外流，故又名墨草。叶对生，无柄或基部叶有柄，被粗状毛，长披针形，椭圆状披针形或条状披针形，长2~7厘米，宽5~15毫米，全缘或有细锯齿。花期6~10月。头状花序腋生或顶生；总苞片2轮有5~6枚，托叶披针或刚毛状；边花舌状，全缘或2裂；心花筒状，裂片4片，白色。瘦果三棱状或四棱形，长2.2~3毫米，宽1~1.7毫米，内含种子1粒。种子于8月渐次成熟。

防治方法 人工清除时，将其茎根部彻底挖净，以防再生；利用灭除双子叶除草剂防除。

28 狗牙根（图3-28-1，图3-28-2）

又名绊根草、爬根草。禾本科狗牙根属，多年生宿根性杂草，分布于全国各地。

形态识别 种子或分根茎法无性繁殖。低矮草本，具根茎。秆细而坚韧，下部匍匐地面蔓延甚长，长1~2米，茎的节上又分生侧枝与新的走茎；新老葡匐茎在地面上互相穿插，交织成网，短时间内即成坪，形成占绝对优势的植物群落，耐践踏，侵占能力强。节上常生不定根，生长季节随时植根土中；直立部分高10~30厘米，直径1~1.5毫米，秆壁厚，光滑无毛。叶片线形，长1~12厘米，宽1~3毫米。穗状花序2~6枚，长2~6厘米；小穗灰绿色或带紫色，长2~2.5毫米，仅含1小花；花药淡紫色。颖果长圆柱形。以其根状茎和匍匐茎越冬，翌年则靠越冬部分体眠芽萌发生长。

防治方法　狗牙根抗逆力强，繁殖方式多样，果园发生量大时防治较难。春季进行连续中耕除草，一定要捡拾干净带根匍匐茎，带出果园集中销毁。果园深耕可切断大部分根茎，将其暴露于地表阳光下晒死，深耕还可将种子埋于深土层，而失去萌发能力。用扑草净、草甘膦、吡氟乙草灵、茅草枯、吡氟禾草灵等除草剂进行防除。

29　田旋花（图3-29-1至图3-29-3）

旋花科旋花属，多年生草质藤本杂草。又名小旋花、中国旋花、箭叶旋花、野牵牛、拉拉菀。分布于全国各地。

形态识别　种子或分根茎法无性繁殖。根状茎横走。茎平卧或缠绕，有棱。叶柄长1~2厘米；叶片戟形或箭形，长2.5~6厘米，宽1~3.5厘米，全缘或3裂，先端近圆或微尖，有小突尖头；中裂片卵状椭圆形、狭三角形、披针状椭圆形或线性；侧裂片开展或呈耳形。花1~3朵腋生；花梗细弱；苞片很小、线性、与萼远离；萼片倒卵状圆形。花冠漏斗形，粉红色、白色，长约2厘米，外面有柔毛，有不明显的5浅裂；雄蕊的花丝基部肿大；子房2室，有毛，柱头2，狭长。蒴果球形或圆锥状，种子椭圆形。春、夏、秋生长量大，花期5~8月，果期7~9月。

防治方法　人工除草连根拔除，连续进行2~3年；有效除草剂有噁草酮、灭草松、萘氧丙草胺、异丙甲草胺、乙氧氟草醚、氟乐灵、吡氟禾草灵等。

30　野燕麦（图3-30-1至图3-30-3）

禾本科燕麦属，一年生或越年生植物。又名乌麦、铃铛麦。全国各地均有分布。

形态识别　种子繁殖。一年生须根较坚韧。秆直立，光滑无毛，高60~120厘米，具2~4节。叶鞘松弛，光滑或基部者被微毛；叶舌透明膜质，长1~5毫米；叶片扁平，长10~30厘米，宽4~12毫米，微粗糙。圆锥花序开展，金字塔形，长10~25厘米，分枝具棱角；小穗长18~25毫米，含2~3个小花，其柄弯曲下垂；小穗轴密生淡棕色或白色硬毛；颖草质，外稃质地坚硬，第一外稃长15~

20毫米，芒自稃体中部稍下处伸出，长2~4厘米。颖果被淡棕色柔毛，长6~8毫米。9、10月种子发芽出土，冬季生长量小，春暖夏初生长，花果期5~6月。

防治方法 生长季节及时中耕，特别是在种子成熟前彻底清除燕麦植株，减少种子留存；利用专用化学除草剂毒草胺、野麦畏（燕麦畏）、禾草丹进行防除。

㉛ 芦苇（图3-31-1至图3-31-4）

禾本科芦苇属，多年水生或湿生的高大禾草，全国各地均有生长，

形态诊断 种子、地上植株、地下根茎繁殖。根状茎十分发达。秆直立，高1~8米，直径1~4厘米，具20多节，基部和上部的节间较短，最长节间位于下部第4~6节，长20~40厘米。茎秆下部叶鞘短于上部；叶舌边缘密生一圈长约1毫米的短纤毛，两侧缘毛长3~5毫米；叶片披针状线形，长30厘米，宽2厘米，无毛，顶端长渐尖成丝形。圆锥花序大型，长20~40厘米，宽约10厘米，分枝多数，长5~20厘米，着生稠密下垂的小穗；小穗长约12毫米，含4花；颖果长约1.5毫米。黄淮地区春季发芽，春暖及夏、秋生长，抽穗期及开花期8月上旬至9月上旬，种子成熟期10月上旬，枯叶期11月后。

防治方法 人工挖根，彻底清除；利用扑草净、草甘膦、伏草隆、吡氟禾草灵、精喹禾灵等除草剂进行防除。

㉜ 小花山桃草（图3-32-1至图3-32-3）

柳叶菜科山桃草属，一年生或越年生草本杂草。分布于河南、河北、山东、安徽、江苏、湖北、福建等地。

形态识别 种子繁殖。主根发达，全株尤茎上部、花序、叶、苞片、萼片密被灰白色长毛与腺毛；茎直立，有少数分枝，高50~100厘米。基生叶宽倒披针形，长达12厘米，宽2.5厘米，先端锐尖；茎生叶狭椭圆形、长卵圆形、菱状卵形，长2~10厘米，宽0.5~2.5厘米，先端渐尖或锐尖，基部楔形。花序穗状，少数分枝，生茎枝顶端，常下垂，长8~35厘米；花傍晚开放；花管带红色，长1.5~3毫米，径约0.3毫米；萼片绿色，线状披针形，长2~3毫米，宽0.5~0.8毫米；花瓣初白色，渐变红色，倒卵形，长1.5~3毫米，宽1~1.5毫米；花丝长1.5~2.5毫米，花药黄色，长圆形；花柱长3~6毫米，伸出花管部分长1.5~2.2毫米；柱头围以花药。蒴果坚果状，纺锤形，长5~10毫米，径1.5~3毫米。种子卵状3~4枚，长3~4毫米，径1~1.5毫米，红棕色。种子9、10月或于春季4月上旬前后萌发生长，初始生长缓慢，至4月下旬随气温、地温、水分的增加，生长逐渐加快，至6~8月生长高峰，花期7~8月，果期8~9月。9月中

下旬停止生长，10月逐渐枯死。

防治方法 及时中耕除草，特别是种子成熟前清除干净，减少种子存留扩散；有效除草剂有伏草隆、噁草酮、灭草松、萘氧丙草胺、异丙甲草胺、乙氧氟草醚、氟乐灵等，幼苗期使用效果好。

㉝ 曼陀罗（图3-33-1至图3-33-7）

茄科曼陀罗属，野生直立，木质化一年生草本植物。又名山茄子、满达、曼扎、狗核桃、大喇叭花。全国各地均有分布。

形态识别 种子繁殖。茎粗壮，圆柱状，淡绿色或带紫色，下部木质化，上部幼嫩部分被短柔毛。叶互生，上部呈对生状，叶片卵形或宽卵形，顶端渐尖，基部不对称楔形，有不规则波状浅裂，裂片顶端急尖，长8~17厘米，宽4~12厘米，叶柄长3~5厘米。花单生于枝叉间或叶腋，直立，有短梗；花萼筒状，长4~5厘米，筒部有5棱角，两棱间稍向内陷，基部稍膨大，顶端紧围花冠筒，5浅裂；花冠漏斗状，下半部带绿色，上部白色或淡紫色，檐部5浅裂，裂片有短尖头，长6~10厘米，檐部直径3~5厘米；雄蕊不伸出花冠，花丝长约3厘米，花药长约4毫米；子房密生柔针毛，花柱长约6厘米。蒴果直立生，卵状，长3~4.5厘米，直径2~4厘米，表面生有坚硬针刺或无刺而近平滑，成熟后淡黄色，规则4瓣裂。种子卵圆形，稍扁，长约4毫米，黑色。黄淮地区4月上旬种子发芽出土，5~9月生长旺盛，一般花期6~10月，果期7~11月。

防治方法 加强果园管理，即时中耕除草，特别在曼陀罗成熟前，彻底拔除单株，减少种子留存。还可用甲草胺、灭草松、伏草隆、噁草酮、扑草净、绿麦隆、氟磺胺草醚、西玛津等除草剂进行防除。

㉞ 蒺藜（图3-34-1至图3-34-3）

蒺藜科蒺藜属，一年生草本杂草。又名白蒺藜、屈人等。全国各地有分布。

形态识别 种子繁殖。茎平卧地面，具棱条，长可达1米以上，基部多有分枝；全株被绢丝状柔毛；托叶披针形，形小而尖，长约3毫米；叶为偶数羽状复叶，对生，一长一短；长叶长3~5厘米，宽1.5~2厘米，通常具6~8对小叶，对生；短叶长1~2厘米。花淡黄色，小型，整齐，单生于短叶的叶腋；花梗长4~20毫米；萼5片，卵状披针形，渐尖，长约4毫米，宿存；花瓣5片，倒卵形，与萼片互生。果实为离果，五角形或球形，由5个呈星状排列的果瓣组成，每个果瓣具长短棘刺各1对，背面有短硬毛及瘤状突起。黄淮地区4月上旬种子发芽出土，5~9月生长旺盛，花期5~8月，果期6~9月。

防治方法 及时中耕，携出园外集中堆沤。有效除草剂有伏草隆、氟乐灵、乙氧氟草醚、异丙甲草胺、萘氧丙草胺、灭草松、甲草胺等。

㉟ 龙葵（图3-35-1至图3-35-4）

茄科茄属，一年生直立草本植物。又名苦葵、黑茄、野茄菜等。

形态识别 种子繁殖。茎高0.2~1米，光滑无棱或棱不明显，绿色或紫色，近无毛或被微柔毛。叶卵形，长2.5~10厘米，宽1.5~5.5厘米，先端短尖，基部圆形至阔楔形，全缘或每边具不规则的粗齿或微波状；叶柄长1~2厘米。伞形花序，由3~10花组成，总花梗长1~2.5厘米，花梗长约5毫米，萼小，浅杯状，直径1.5~2毫米；花冠白色，筒部隐于萼内，长不及1毫米，冠檐长约2.5毫米，5深裂，裂片卵圆形，长约2毫米。浆果球形，直径约8毫米，成熟时黑色。种子多数，近卵形，直径1.5~2毫米。具有特殊气味。黄淮地区4月种子发芽出土，5~9月生长旺盛，花果期6~9月。

防治方法 人工除草连根拔除；有效除草剂有噁草酮、伏草隆、灭草松、萘氧丙草胺、异丙甲草胺、乙氧氟草醚、氟乐灵等。

㊱ 虎尾草（图3-36-1至图3-36-3）

禾本科虎尾草属，一年生草本植物，又名棒槌草、大屁股草。全国各地都有分布。

形态识别 种子或分株法繁殖。秆直立或基部膝曲，高12~75厘米，径1~4毫米，光滑无毛。叶鞘背部具脊，包卷松弛；叶片线形，长3~25厘米，宽3~6毫米，边缘及上面粗糙。穗状花序5~10枚，长1.5~5厘米，着生于秆顶，常直立而并拢成毛刷状，有时包藏于顶叶之膨胀叶鞘中，成熟时常带紫色；小穗无柄，长约3毫米。颖果纺锤形，淡黄色，光滑无毛而半透明。春季种子发芽出土，夏秋生长。

防治方法 幼嫩时人工拔除，可作饲草；园地及时中耕；有效除草剂有伏草隆、草甘膦、禾草灭、噁草酮、萘氧丙草胺、异丙甲草胺、吡氟禾草灵、喹禾啶、氟乐灵等。

㊲ 夏至草（图3-37-1至图3-37-3）

唇形科夏至草属，多年生草本植物。又名小益母草。分布于全国各地。

形态识别 种子或分株法繁殖。具圆锥形的主根。茎高15~35厘米，四棱形，具沟槽，带紫红色，密被微柔毛，常在基部分枝。叶圆形或卵圆形，长宽

1.5~2厘米，先端圆形，基部心形，3深裂，裂片有圆齿或长圆形犬齿，叶片两面均绿色，边缘具纤毛，脉掌状；叶柄长1厘米左右。轮伞花序，径约1厘米，在枝条上部者较密集，在下部者较疏松；花萼管状钟形，长约4毫米。花冠白色，少数粉红色，稍伸出于萼筒，长约7毫米；冠筒长约5毫米，径约1.5毫米。小坚果长卵形，长约1.5毫米，褐色。春夏生长旺盛，花果期4~7月。

防治方法　幼苗时通过中耕清除，成株后适时割除并挖根；还可用禾草灭、灭草松、噁草酮、扑草净、绿麦隆、氟磺胺草醚、西玛津等除草剂化学防除。

(38)　刺苋（图3-38-1至图3-38-3）

苋科苋属，一年生草本植物。又名笋苋菜、勒苋菜。全国各地都有分布。

形态识别　种子繁殖。茎直立，高30~100厘米；圆柱形或钝棱形，多分枝，有纵条纹，绿色或带紫色，无毛或稍有柔毛。叶片菱状卵形或卵状披针形，长3~12厘米，宽1~5.5毫米，顶端圆钝；叶柄长1~8厘米，在其旁有2刺，刺长5~10毫米。圆锥花序腋生及顶生，长3~25厘米，花被片绿色。胞果矩圆形，长1~1.2毫米。种子近球形，直径约1毫米，黑色或带棕黑色。春季气温回暖种子发芽出土，夏秋季生长，花果期7~11月。

防治方法　及时中耕铲除；有效除草剂有精吡氟禾草灵、噁草酮、扑草净、灭草松、萘氧丙草胺、异丙甲草胺、乙氧氟草醚、氟乐灵等。

(39)　猪毛菜（图3-39-1至图3-39-3）

藜科猪毛菜属，一年生草本植物。又名猪毛缨、刺蓬等。分布于全国各地。

形态识别　种子繁殖。茎高20~100厘米，自茎基部分枝，枝互生，茎、枝绿色，有白色或紫红色条纹。叶片丝状圆柱形，伸展或微弯曲，长2~5厘米，宽0.5~1.5毫米，顶端有刺状尖。花序穗状，生枝条上部；苞片卵形，有刺状尖；小苞片狭披针形，顶端有刺状尖；花被片卵状披针形，顶端尖，果时变硬。种子横生或斜生。春季气温回暖种子发芽出土，夏季生长，花期7~9月，果期9~10月。

防治方法　合理轮作，全面秋深耕，施用腐熟的农家肥料；幼嫩时可食，及时拔除佐餐；种子成熟前彻底清除田旁隙地的猪毛菜，减少种子留存。有效除草剂有扑草净、甲草胺、异丙甲草胺、乙草胺、敌稗、萘氧丙草胺、西玛津、噁草酮、乙氧氟草醚、百草枯、草甘膦等。

(40)　播娘蒿（图3-40-1至图3-40-4）

十字花科播娘蒿属，一年生草本植物。又名米蒿、黄蒿。分布于全国各地。

形态识别　种子繁殖。茎直立，高20~80厘米，上部分枝，密被分枝状短柔毛。叶为矩圆形或长披针形，长3~7厘米，宽1~4厘米，二至三回羽状全裂或深裂；茎下部叶有柄，向上叶柄逐渐缩短或近于无柄。总状花序顶生，具多数花；具花梗；萼4片，条状矩圆形；花瓣4片，黄色，匙形，与萼片近等长。长角果狭条形，长2~3厘米，宽约1毫米，淡黄绿色。种子1行，黄棕色，矩圆形，长约1毫米，宽约0.5毫米，稍扁。黄淮地区9、10月种子发芽出土，以幼苗越冬，春季生长，花果期4~6月。

防治方法　生长季节人工及时除草；种子可榨油食用，种子散落前可拔除利用。可用嗪草酮、苯磺隆、苄嘧磺隆、氟唑草酮、乙草胺、噻磺隆等除草剂进行防除。

第4章

果园害虫主要天敌
保护与识别利用

01 食虫瓢虫（图4-1-1至图4-1-8）

属鞘翅目瓢虫科。瓢虫的种类多达4000种，其中80%以上是肉食性的。常见的有七星瓢虫、四斑月瓢虫、二星瓢虫、小红瓢虫、大红瓢虫、异色瓢虫、黑背小毛瓢虫、澳洲瓢虫、深点食螨瓢虫、黑襟毛瓢虫、龟纹瓢虫、孟氏隐唇瓢虫等，均为天敌昆虫。全国各产区均有分布。我国利用瓢虫防治果树害虫已达数十种。

防治对象 以成虫、幼虫捕食叶螨、蚜虫、介壳虫、粉虱、木虱、叶蝉等小体型昆虫及鳞翅目低龄幼虫和卵。

生活习性 捕食性瓢虫其食量很大，如异色瓢虫的1龄幼虫每天捕食蚜虫数量为10~30头，4龄幼虫为每天100~200头，成虫食量更大。而深点食螨瓢虫能捕食果树、蔬菜、花卉及林木等多种螨类的成虫、若虫和卵，它的成虫和幼虫发生时期长，世代重叠，食量大，对果树上的螨类有较好的控制作用。

利用方法

利用七星瓢虫等防治果树蚜虫 食蚜瓢虫除七星瓢虫外，还有四斑月瓢虫、二星瓢虫、异色瓢虫、龟纹瓢虫、六斑月瓢虫等。于4~5月间把麦田的上述瓢虫引移到果园，每亩移入千头以上，可有效地防治果树蚜虫。也可在早春利用田间的蚜虫饲养繁殖瓢虫，然后散放到果园中控制果树蚜虫效果好。

用澳洲瓢虫、大红瓢虫、小红瓢虫防治果树害虫吹绵蚧 4~6月移殖散放到果园中心枝叶茂密、吹绵蚧多的果树上，每500株受害树，散放200头成虫，散放后2个月可消灭吹绵蚧。

利用食螨瓢虫防治果树害螨 常用的有深点食螨瓢虫、广东食螨瓢虫、拟小食螨瓢虫、腹管食螨瓢虫。生产上华北地区用深点食螨瓢虫防治苹果叶螨效果很好。后3种分布东南地，在4、5月和9、10月将食螨瓢虫散放在果树枝条上，于每亩果园中央10株放200~400头，可控制山楂叶螨等。

02 草蛉（图4-2-1至图4-2-4）

属脉翅目草蛉科。幼虫又称蚜狮。草蛉种类多，分布广，食性杂。已知有86属1350多种，中国有15属百余种，常见的有中华草蛉、大草蛉、丽草蛉、叶色草蛉、晋草蛉等，分布在长江流域及北方各地。普通草蛉分布在新疆、黄淮、台湾等地。

防治对象 草蛉是捕食性天敌昆虫。成虫、幼虫捕食螨类、蚜虫类、白粉虱、叶蝉、介壳虫、蓟马等多种小体型害虫以及蝶蛾类和叶甲类的卵和幼虫。

生活习性 草蛉食量大，行动迅速，捕食能力强。草蛉在华北地区1年发生3~5代。其成虫产卵量大，少者300~400粒，多者达1000粒以上。草蛉发育一代需22~43天。1头大草蛉幼虫一生可捕食各类蚜虫600头以上；1头中华草蛉1~3龄幼虫平均日最多可分别捕食若螨400~700头，同时还可捕食其他害虫的卵和幼虫。中华草蛉控制害虫作用非常明显。

利用方法 晋草蛉嗜食螨类，可用于防治山楂叶螨、卵形短须螨。大草蛉嗜食蚜虫，用于防治果树上的蚜虫。利用方法是在上述螨类、蚜虫初发时投放即将孵化的灰色蛉卵，也可把蛉卵放入1%琼脂液中，用喷雾法施放。

草蛉的饲养 将新羽化的成虫集中大笼饲养，喂饲清水和啤酒酵母干粉加食糖混合（10：8）的人工饲料，进入产卵前期转入产卵笼饲喂。每笼养雌草蛉50~75头，搭配少量雄虫，笼内壁围衬卵箔纸，24小时可获草蛉卵700~1000粒，每天更换卵箔纸1次，添加清水和饲料。把卵箔装进塑料袋封口置于8~12℃条件下，存放30天，卵仍可孵化。

03　寄生蜂、蝇类（图4-3-1至图4-3-8）

寄生蜂，属膜翅目，分属姬蜂科、小蜂科等。种类多，分布广。我国应用较多的有赤眼蜂、蚜茧蜂、甲腹茧蜂、上海青蜂、跳小蜂和姬小蜂、姬蜂和茧蜂等。

寄生蝇，属双翅目寄蝇科。是果园害虫幼虫和蛹的主要天敌，防治对象与寄生蜂类基本相同。与苍蝇的主要区别是身上有很多刚毛，种类很多。果树上常见的有卷叶蛾赛寄蝇、伞裙追寄蝇等，寄主为桃小食心虫、大袋蛾、棉蛉虫、小地老虎等。

防治对象 以雌成虫产卵于鳞翅目害虫，如桃蛀螟、果剑纹夜蛾、刺蛾、桃小食心虫、卷叶蛾及蚜虫等寄主体内或体外，以幼虫取食寄主的体液摄取营养，至寄主死亡。

生活习性 不同的寄生蜂对寄主的寄生方式不同，可以分别寄生卵、幼虫、蛹和成虫、若虫。

赤眼蜂 是一种寄生在害虫卵内的寄生蜂，我国应用较多的有松毛虫赤眼蜂、拟澳洲赤眼蜂、舟蛾赤眼蜂及稻螟赤眼蜂等。该类蜂体型很小，眼睛鲜红色，故名赤眼蜂。它能寄生400余种昆虫卵，尤其喜欢寄生鳞翅目昆虫卵，如果树上的刺蛾等，是果园害虫的重要天敌。果树上常见的松毛虫赤眼蜂，在自然条件下，华北地区1年发生10~14代，每头雌蜂可繁殖子代40~176头。利用松毛虫赤眼蜂防治果园梨小食心虫，每亩放蜂量8万~10万头，梨小食心虫卵寄生率为90%，虫害明显降低，其效果明显好于化学防治。

蚜茧蜂 是一种寄生在蚜虫体内的重要天敌。蚜茧蜂在4~10月均有成虫发生，每头雌蜂产卵量数粒至数百粒，尤其喜欢寄生2~3龄的若蚜，以6~9月寄生率较高，有时寄生率高达80%~90%，对蚜虫种群有重要的抑制作用。

甲腹茧蜂 果园常见的是桃小甲腹茧蜂，1年发生2代，寄主为桃小食心虫，以幼虫在桃小食心虫越冬幼虫体内越冬，世代发生与寄主同步。寄生率可达25%~50%。

跳小蜂和姬小蜂 旋纹潜叶蛾的主要天敌，均在寄主蛹内越冬。1年发生4~5代，越冬代成虫5月份将卵产于寄主幼虫体内，寄生率可达40%以上。

姬蜂和茧蜂 可寄生多种害虫的幼虫和蛹。果树上主要有桃小食心虫白茧蜂和花斑马尾姬蜂。白茧蜂1年发生4~5代，产卵于寄主卵内，随寄主卵孵化而取食发育，直至将寄主幼虫致死。马尾姬蜂1年发生2代，以幼虫在寄主幼虫体内越冬，翌春待寄主化蛹后将其食尽，并在寄主蛹壳内化蛹。

利用方法 以赤眼蜂为例。用蓖麻蚕、柞蚕及松毛虫的卵，繁殖松毛虫赤眼蜂和拟澳洲赤眼蜂，这两种赤眼蜂在蓖麻蚕卵内，25℃发育历期10~12天，每年可繁殖30~50代。繁殖时可从田间采集被赤眼蜂寄生的卵，羽化后进行鉴定再饲养。用于寄生的蓖麻蚕卵先洗掉表面胶质，用白纸涂薄胶后，把蚕卵均匀黏上制成卵箔或称卵卡。繁蜂时把卵箔置于繁蜂箱透光一面，当种蜂羽化30%~40%时接蜂。成蜂趋光并趋向蚕卵寄生。种蜂和蓖麻蚕卵的比为2：1或1：1，适温25~28℃，相对湿度85%~90%为宜。田间放蜂、繁蜂及防治对象的卵期应掌握恰当才能有效。制好的蜂卡要在蜂发育到幼虫期或预蛹期时，置于10℃以下冷藏保存，50~90天内羽化率不低于70%。放蜂时把即将羽化的预制蜂卡，按布局分放在田间，使其自然羽化，也可先在室内使蜂羽化、再饲以糖蜜，然后到田间均匀释放。防治发生代数较多或产卵期较长的害虫时，应在害虫产卵期内多放几次蜂。

04 捕食螨（图4-4-1）

属蛛形纲，分属不同的科。俗称红蜘蛛、黄蜘蛛等。是以捕食害螨为主的有益螨类的统称。我国有利用价值的捕食螨种类有智利小植绥螨、东方植绥螨、尼氏钝绥螨、穗氏钝螨、东方钝绥螨、拟长毛钝绥螨、西方盲走螨等。

防治对象 以成虫、若虫捕食害螨和蚜虫、介壳虫、叶蝉等小体型害虫和卵。

生活习性 在捕食螨中以植绥螨最为理想，它捕食凶猛，具有发育周期短、捕食范围广、捕食量大等特点，1头雌螨能消灭5头害螨在半月内繁殖的群体，同时还捕食一些蚜虫、介壳虫等小体型害虫。植绥螨发生代数因种类而异，一般1年发生8~12代，以雌成虫在枝干树皮裂缝或翘皮下越冬。幼螨孵化后随即取食，成螨、若螨均可捕食害螨的各虫态。

利用方法 我国对几种植绥螨的饲养繁殖，多采用隔水法：即在瓷盆内垫泡沫塑料，上盖一层薄膜，饲料和植绥螨放在薄膜上，盘中加浅水隔离，防止植绥螨逃逸。饲料以喜食的害螨为主，也可用20%~50%的蜂蜜水、鲜花粉或干燥2年的柑橘花粉为食料。适时在果园中释放植绥螨。果园内种植益螨栖息植物豆类等，增加其栖息场所和食料来源；合理灌溉，提高果园相对湿度；加强测报，必要时进行挑治，以利益螨繁殖，使益螨种群数量增加，维持益、害螨之间的数量平衡，把害螨控制在经济阈值允许的范围之内。

05 蜘蛛（图4-5-1至图4-5-8）

属蜘蛛纲蛛形目。种类多，种群的数量大，分属不同的科。我国有3000多种，现已定名1500余种，其中80%生活在果园中，是害虫的主要天敌。如三突花蛛、草间小黑蛛、八斑球腹蛛、拟水狼蛛等。

防治对象 为肉食性动物。捕食同翅目、鳞翅目、直翅目、半翅目、鞘翅目等多种害虫，如蚜虫、花弄蝶、毛虫类、椿象、叶蝉、飞虱、卷叶蛾等害虫的成虫、幼虫和卵。

生活习性 蜘蛛寿命较长，小体型半年以上，大体型可达多年；两性生殖，雄蛛体小，出现时间短，通常采到的多为雌蛛；抗逆性强，耐高温、低温和饥饿；为肉食性动物，性情凶猛，行动敏捷，专食活体，在它的视力范围或丝网附近的猎物很少能逃脱；分结网和不结网两类，前者在地面土壤间隙做穴结网或在树冠上、草丛中结网，捕食落入网中的害虫，后者游猎捕食地面和地下害虫，也可从树上、草丛、水面或墙壁等处猎食，无固定的栖息场所。捕食时先用螯肢刺入活虫体内，注入毒液使之麻痹，然后取食。

利用方法 ①创造适于蜘蛛生存的环境条件，特别注意不要人为破坏蜘蛛结的丝网；收集田边、沟边杂草等处的蜘蛛，助其迁入果园。②人工繁殖。人工繁殖母蛛越冬，待其产卵孵化后，分批释放至果园，增加果园有益蛛量。或于2~3月田间收集越冬卵囊，冷藏在0℃左右的低温下，经40天对孵化无影响，待果树发芽后放入果园。③防治害虫时选择高效低毒农药，不准用剧毒农药，以免伤及害虫天敌。

06 食蚜蝇（图4-6-1至图4-6-4）

属双翅目食蚜蝇科。种类多，分布广。主要有黑带食蚜蝇、斜斑额食蚜蝇等。

防治对象 捕食果树蚜虫、叶蝉、介壳虫、飞虱、蓟马、叶螨等小体型害虫和蝶蛾类害虫的卵和初龄幼虫。

生活习性 成虫颇似蜜蜂，但腹部背面大多有黄色横带，喜取食花粉和花蜜。卵单产，白色，大多产于蚜虫群中或其周围。黑带食蚜蝇是果园中较常见的一种，幼虫蛆形，头尖尾钝，体壁上有纵向条纹，碰到蚜虫就用口器咬住不放，举在空中吸，把体液吸干后丢弃在一旁，又继续捕食；幼虫孵化后即可捕食蚜虫，每只幼虫一生可捕食数百头至数千头蚜虫；在华北地区1年发生4~5代，卵期3~4天，幼虫期9~11天，蛹期7~9天，多以末龄幼虫或蛹在植物根际土中越冬，翌春4月上旬成虫出现，4月下旬在果树及其他植物上活动取食，5~6月份各虫态发生数量较多，7~8月份蚜虫等食料缺乏时，幼虫在叶背或卷叶中化蛹越夏，秋季又继续取食或转移至果园附近农田或林木上产卵，孵化后继续取食蚜虫，秋后入土化蛹。

利用方法　①种植蜜源植物，招引和诱集食蚜蝇繁衍。②人工繁殖和释放。③提倡使用低毒高效低残留农药，禁用剧毒农药，保护天敌。

07　食虫椿象（图4-7-1至图4-7-3）

属半翅目蝽总科。果园害虫天敌的一大类群，其种类很多。主要有茶色广喙蝽、东亚小花蝽、小黑花蝽、黑顶黄花蝽、光肩猎蝽、白带猎蝽、褐猎蝽等。

防治对象　以成虫、若虫捕食蚜虫、叶螨、介类、叶蝉、蓟马、椿象以及鳞翅目、鞘翅目害虫的卵及低龄幼虫。

生活习性　食虫椿象与有害椿象的区别：有害椿象有臭味，其喙由头顶下方紧贴头下，直接向体后伸出，不呈钩状。而食虫椿象大多无臭味，喙坚硬如锥，基部向前延伸，弯曲或呈钩状，不紧贴头下。在北方果区多数食虫椿象1年发生4代，发生期4~10月，若虫孵化后即可以取食，专门吸食害虫的卵汁或幼虫、若虫体液。捕食能力很强，1头小黑花蝽成虫日平均捕食各种虫态叶螨20头，卵20粒，蚜虫27头。以雌成虫在果树枝、干的翘皮下越冬，翌年4月开始活动取食。

利用方法　①创造适于天敌活动的环境条件，招引和诱集。②人工繁殖和释放。③果园用药要选用对天敌杀伤力小的农药，保护天敌。

08　螳螂（图4-8-1至图4-8-3）

属螳螂目螳螂科。俗称砍刀。种类多，分布广，我国有50多种，常见的有广腹螳螂、大刀螳螂、薄翅螳螂、中华螳螂等。

防治对象　捕食蚜虫类、蛾蝶类、甲虫类、椿象类等60多种果园害虫，食性很杂。

生活习性　北方果区1年发生1代，以卵在树枝上越冬。每年5月下旬至6月下旬孵化为若虫，8月羽化为成虫，成虫交尾后，雌成虫即将雄成虫吃掉，9月后产卵越冬。自春至秋田间均有发生，成、若虫期100~150天，其间均可捕食害虫。若虫具有跳跃捕食习性，1~3龄若虫喜食蚜虫，特别是有翅蚜，3龄以后嗜食体壁较软的鳞翅目害虫，成虫则可捕食各类虫态的害虫。螳螂食量大，1只螳螂一生可捕食害虫2000多头。其捕食有两大特点，一是只捕食活的猎物；二是即使吃饱了，见到猎物不吃也要杀死，即螳螂特有的杀死性。

利用方法 ①人工繁殖和释放。螳螂产卵后，采集产有螳螂卵的枝条，放在室内保护越冬，第二年待初孵若虫出现时，释放到果园，每亩释放200~300头。②注意化学药剂的品种选择、喷药量和喷药时期，尽量避免在杀死害虫的同时也杀死螳螂。

09 白僵菌（图4-9-1至图4-9-2）

虫生真菌，属半知菌类，是昆虫的主要病原真菌。

防治对象 可防治鳞翅目、鞘翅目、半翅目、同翅目、直翅目、膜翅目等200多种害虫的幼虫。如危害果树的桃小食心虫、桃蛀螟、刺蛾类、夜蛾类、梨虎象、柑橘卷叶蛾、拟小黄卷叶蛾、褐带长卷蛾、后黄卷叶蛾、荔枝蝽等。

作用机理 白僵菌菌剂一般为白色至灰白色粉状物，是白僵菌的分生孢子，国产白僵菌粉剂，每克含活孢子50亿~80亿个。菌剂喷洒到害虫体上后，菌丝穿透幼虫体壁，在体内大量繁殖，经2~3天致害虫死亡。死虫体壁坚硬，体表长满白色菌丝及孢子，称为白僵虫。虫体上的孢子随风扩散，遇到其他害虫又可传染，使害虫致病死亡。白僵菌寄主专一性强（对桃小食心虫的自然寄生率可达20%~60%），持效性强，可保护天敌，致死害虫速度虽不及化学农药效果明显，但对环境不会造成污染。

利用方法 ①用于防治桃小食心虫和蛴螬。在果园桃小越冬幼虫出土和脱果初期，以及蛴螬活动盛期，树下地面喷洒白僵菌粉每平方米8克，与25%辛硫磷微胶囊剂每平方米0.3毫升混合液，防效明显。②用白僵菌高效菌株B-66处理地面，可使桃小食心虫出土幼虫大量感病死亡，幼虫僵死率达85.6%，并显著降低蛾、卵数量。③防治蚜虫。在蚜虫发生严重时，喷洒白僵菌制剂，感染该菌的蚜虫死后表面呈白色，症状明显。

注意 利用白僵菌制剂防治害虫，菌液要随配随用，配好的菌液应在2小时内喷完，以免孢子过早萌发，失去致病力；田间湿度大、菌剂与虫体接触，防治效果才好。

10 苏云金杆菌

属细菌。又叫Bt，亦称"424"。另外，杀螟杆菌、青虫菌、松毛虫杆菌、

"7216"等都属于苏云金杆菌类。利用其制成的杀虫剂称为细菌杀虫剂。

防治对象 能杀死农林、果树等多种害虫，尤其对鳞翅目幼虫如刺蛾类、卷叶蛾类、桃蛀螟、桃小食心虫、枣尺蠖等防治效果好。且对草蛉、瓢虫等捕食性天敌无害。

作用机理 是目前世界上产量最大的微生物杀虫剂。已有100多种商品制剂。其制剂因采用的原料和方法不同，呈浅黄色、黄褐色或黑色粉末，每克含活孢子100亿~300亿个。可以喷雾、喷粉、泼浇或制成毒土和颗粒剂。杀虫细菌是一种好气性细菌，芽孢对高温忍耐力较强，制剂不受潮湿、保存适当可数年不丧失毒力。其杀虫机理是害虫食菌后破坏害虫的肠道，影响取食，致害虫死亡。杀虫效果对老熟幼虫比幼龄害虫好。

利用方法 ①喷雾防治桃蛀螟、刺蛾和卷叶蛾类。选择有露水的早晨或空气湿度较大的傍晚，用每克含活孢子数为100亿的菌粉300~500倍液喷雾，使用时加0.1%的洗衣粉或豆面作黏着剂，提高防治效果。②菌粉应放在干燥阴凉处保存，避免水湿、暴晒，对家蚕有毒，严禁在桑园使用。因杀虫速度比化学农药慢，施药期应稍加提前。

(11) 核多角体病毒

感染昆虫的病毒有三大类，即多角体病毒（NPV）、颗粒病毒和无包涵病毒，利用最多的是多角体病毒。

防治对象 感染近200种昆虫发病，主要是鳞翅目昆虫幼虫，如大袋蛾等。

利用方法 饲养健康的幼虫至3龄末时，用带病毒的饲料喂食使其感染，3天后幼虫开始死亡。将死虫收集在棕色瓶里，即制成毒剂，贮存备用。防治大袋蛾时，可在卵盛期喷布。每亩用30~50头死虫研碎，用二层纱布过滤后再用少量清水冲洗加至所需水量，每亩所用病毒制剂内加30克充分研碎的活性炭保护剂提高防效。每代需喷2~3次，相隔5~7天。防治2次的防效达84%以上，高于其他化学农药，且可以保护天敌。

(12) 食虫鸟类 (图4-12-1至图4-12-5)

我国以昆虫为主要食料的鸟类约有600种。常见的有大山雀、燕子、大杜鹃、大斑啄木鸟、灰喜鹊、喜鹊、戴胜、黄鹂、柳莺等。

防治对象 可啄食多种农、林、果害虫，主要有叶蝉、叶蜂、蚜虫、木虱、椿象、金龟甲、蝶蛾类幼虫等，果园内所有害虫都可能被取食，对害虫的控制作用非常大。虽然鸟类也啄食成熟的果实，使果实失去食用价值，但利大于弊。

生活习性

大山雀　山区、平原均有分布，地方性留鸟，喜在果园及灌木丛中活动，善跳跃和飞翔。多在树洞、墙洞中筑巢，产卵3~5枚。食量很大，1头大山雀一天捕食害虫的数量相当于自身体重，在大山雀的食物中，农林害虫数量约占80%。

大杜鹃　夏候鸟或旅鸟，和鸽子大小相近，喜栖息在开阔的林地，以取食大型害虫为主，特别喜食一般鸟类不敢啄食的毛虫，如刺蛾等害虫的幼虫，1头成年杜鹃一天可捕食300多头大型害虫。

大斑啄木鸟　身体上黑下白，尾下呈红色。在树上活动时，一面攀登，一面以嘴快速叩树，叩树之声不绝于耳，若树上有虫，则快速啄破树皮，用舌钩出害虫吞食，主要捕食鞘翅目害虫、椿象、天牛蛀干幼虫等。食量很大，每天可取食1000~1400头害虫幼虫。

灰喜鹊　留鸟。全体灰色，灵活敏捷，善飞翔，喜在密集的果园和森林中群居和筑巢。喜食金龟子、刺蛾、蓑蛾等30余种害虫，1只灰喜鹊全年可吃掉1.5万头害虫。

保护利用　①禁止人为破坏鸟巢，禁止捕猎、毒害鸟类。②招引鸟类。冬季在果园为食虫益鸟给饵、在干旱地区给水、在果园栽植益鸟食饵植物、在果园内设置人工鸟巢箱等，为益鸟的栖息和繁殖创造条件。③避免频繁使用广谱性杀虫剂，以免误伤鸟类。④人工饲养和驯化当地鸟类，必要时可操纵其治虫。

13　蟾蜍（癞蛤蟆）、青蛙 (图4-13-1，图4-13-2)

蟾蜍是无尾目蟾蜍科动物的总称，全国各地均有分布，有300多种。青蛙是无尾目蛙科动物的总称，有650余种。蛙和蟾蜍的区别：皮肤比较光滑、身体比较苗条、善于跳跃、会游泳的称为蛙；而皮肤比较粗糙、身体比较臃肿、不善跳跃、不会游泳的称为蟾蜍。

防治对象　主要捕食蚱蜢、蝶蛾类幼虫、象鼻虫、蝼蛄、金龟甲、蚜虫等多种害虫。

生活习性　蛙和蟾蜍冬季多潜伏在水底淤泥里或烂草里，也有的在陆上泥土里越冬。从春末至秋末，白天栖息于石块下、草丛、土洞或池塘、水沟、小河内。黄昏和夜间捕食，有的昼夜均可取食，但以夜间的为多，尤其喜雨后捕食各种害虫，捕食量大，一头青蛙日捕食70多头害虫，对控制果园害虫效果明显。

利用方法　①禁止捕食青蛙和捕捞蝌蚪。②合理使用农药，禁止使用高毒、高残留农药，保护蛙类。③有目的地饲养。当田埂边或将要断水的沟渠中有蛙卵和蝌蚪时，及时捞取，放入有水沟渠中，使蛙卵正常孵化和蝌蚪正常生长。

第 5 章

果园病虫草无公害
综合防治

01　适宜果园使用的农药种类及其合理使用

无公害果品生产使用的农药药剂，必须是经国家正式登记的产品，不能使用有致癌、致畸、致突变的危险的或有嫌疑的药剂。

（一）允许使用的部分农药品种及使用要求

在果园无公害果品生产中，要根据防治对象的生物学特性和危害特点合理选择允许使用的药剂品种。主要种类有：

1. 植物源杀虫、杀菌素

包括除虫菊素、鱼藤酮、烟碱、苦参碱、植物油、印楝素、苦楝素、川楝素、茼蒿素、松脂合剂、芝麻素等。

2. 矿物源杀虫、杀菌剂

包括石硫合剂、波尔多液、机油乳剂、柴油乳剂、石悬剂、硫黄粉、草木灰、腐必清等。

3. 微生物源杀虫、杀菌剂

如 Bt 乳剂、白僵菌、阿维菌素、中生菌素、多氧霉素和农抗120等。

4. 昆虫生长调节剂

如灭幼脲、除虫脲、卡死克、性诱剂等。

5. 低毒低残留化学农药

（1）主要杀菌剂有5%菌毒清水剂、80%喷克可湿性粉剂、80%大生 M-45 可湿性粉剂、70%甲基硫菌灵可湿性粉剂、50%多菌灵可湿性粉剂、40%氟硅唑乳油、1%中生菌素水剂、70%代森锰锌可湿性粉剂、70%乙膦铝锰锌可湿性粉剂、834康复剂、15%三唑酮乳油、75%百菌清可湿性粉剂、50%异菌脲可湿性粉剂等。

（2）主要杀虫杀螨剂有1%阿维菌素乳油、10%吡虫啉可湿性粉剂、25%灭幼脲3号悬浮剂、50%辛脲乳油、50%蛾螨灵乳油、20%杀铃脲悬浮剂、50%马拉硫磷乳油、50%辛硫磷乳油、5%尼索朗乳油、20%螨死净悬浮剂、15%哒螨灵乳油、40%蚜灭多乳油、99.1%加德士敌死虫乳油、5%卡死克乳油、25%噻嗪酮可湿性粉剂、25%抑太保乳油等。

允许使用的化学合成农药每种每年最多使用2次，最后一次施药距安全采收间隔期应在20天以上。

（二）限制使用的部分农药品种及使用要求

限制使用的化学合成农药品种主要有48%哒嗪硫磷乳油、50%抗蚜威可湿性粉剂、25%辟蚜雾水分散粒剂、2.5%三氟氯氰菊酯乳油、20%甲氰菊酯乳油、30%桃小灵乳油、80%敌敌畏乳油、50%杀螟硫磷乳油、10%歼灭乳油、2.5%

溴氰菊酯乳油、20%氰戊菊酯乳油、40%乐果乳油等。

无公害果品生产中限制使用的农药品种，每年最多使用1次，施药距安全采收间隔期应在30天以上。

（三）禁止使用的农药

在无公害果品生产中，禁止使用剧毒、高毒、高残留、致癌、致畸、致突变和具有慢性毒性的农药，主要包括：

有机磷类杀虫剂：甲拌磷、乙拌磷、久效磷、对硫磷、甲基对硫磷、甲胺磷、甲基异柳磷、特丁硫磷、甲基硫环磷、治螟磷、内吸磷、氧化乐果、磷胺、灭线磷、硫环磷、蝇毒磷、地虫硫磷、氯唑磷、苯线磷、水胺硫磷。

氨基甲酸酯类杀虫剂：克百威、涕灭威、灭多威。

二甲基甲脒类杀虫剂：杀虫脒。

取代苯类杀虫剂：五氯硝基苯、五氯苯甲醇。

有机氯杀虫剂：滴滴涕、六六六、毒杀芬、二溴氯丙烷、林丹。

有机氯杀螨剂：三氯杀螨醇、克螨特。

砷类杀虫、杀菌剂：福美胂、甲基砷酸锌、甲基砷酸铁铵、福美甲、砷酸钙、砷酸铅。

氟制类杀菌剂：氟化钠、氟化钙、氟乙酰胺、氟铝酸钠、氟硅酸钠、氟乙酸钠。

有机锡杀菌剂：三苯基醋酸锡、三苯基氯化锡。

有机汞杀菌剂：氯化乙基汞（西力生）、醋酸苯汞（赛力散）。

二苯醚类除草剂：除草醚、草枯醚。

以及国家规定无公害果品生产禁止使用的其他农药。

（四）无公害果品生产中允许和禁止使用的天然植物生长调节剂及使用要求

允许使用的植物生长调节剂及使用要求：如赤霉素类、细胞分裂素类（如苄基腺嘌呤[BA]、玉米素等），要求每年最多使用一次，施药距安全采收期间隔应在20天以上。也可使用能够延缓生长、促进成花、改善树体结构、提高果实品质及产量的其他生长调节物质，如乙烯利、矮壮素等。

禁止使用污染环境及危害人体健康的植物生长调节剂。如比久（B9）、萘乙酸、2，4-二氯苯氧乙酸（2,4-滴）等。

（五）科学合理使用农药

1. 对症施药

根据田间的病虫害种类和发生情况选择农药，防治病虫害以保护性杀菌剂为基础。

2. 适时施药

根据预测预报和病虫害的发生规律，确定使用药剂的最佳时期。

3. 使用农药要喷布均匀周到

选择合适的药械和使用方法，保证使用的农药准确、均匀、到位。

4. 严格按照农药的使用剂量使用农药

同一种类的允许使用的药剂、一个生长周期：一般保护性杀菌剂可以使用3~5次；具有内吸性和渗透作用的农药可以使用1~2次，最好只使用1次；杀虫剂可以使用1~2次，最好使用1次。

5. 严格按农药的安全间隔期使用农药

允许使用的农药品种，禁止在采收前20天内使用。限制使用的农药禁止在采收前30天内使用。如果出现特殊情况，需要在采收前安全间隔期内使用农药，必须在植物保护专家指导下采取措施，确保食品安全。

6. 严格对使用农药的安全管理

每一个生产者，必须对果园中使用农药的时间、农药名称、使用剂量等进行严格、准确的记录。

7. 严禁使用未经国家有关部门核准登记的农药化合物

8. 其他情况按国家标准《农药合理使用准则》GB/T8321（所有部分）规定执行

02 病虫害无害化综合防治

（一）病虫害防治的基本原则

病虫无公害防治的基本原则是综合利用农业的、生物的、物理的防治措施，创造不利于病虫害发生而有利于各类自然天敌繁衍的生态环境，通过生态技术控制病虫害的发生。优先采用农业防治措施，本着"防重于治""农业防治为主、化学防治为辅"的无公害防治原则，选择合适的可抑制病虫害发生的耕作栽培技术，平衡施肥、深翻晒土、清洁果园等一系列措施控制病虫害的发生。尽量利用灯光、色彩、性诱剂等诱杀害虫，采用机械和人工以及热消毒、隔离、色素引诱等物理措施防治病虫害。病虫害一旦发生，需采用化学方法进行防治时，注意严禁使用国家明令禁止使用的农药、果树上不得使用的农药，并尽量选择低毒低残留、植物源、生物源、矿物源农药。

（二）病虫害防治的基本措施

1. 农业防治

农业防治是根据农业生态环境与病虫发生的关系，通过改善和改变生态环境，调整品种布局，充分应用品种抗病、抗虫性以及一系列的栽培管理技术，有目的地改变果园生态系统中的某些因素，使之不利于病虫害的流行和发生，达到控制病虫危害，减轻灾害程度，获得优质、安全的果品的目的。农业防治方法是果园生产管理中的重要部分，不受环境、条件、技术的限制，虽不如化学防治那样能够直接、迅速地杀死病虫，却可以长期控制病虫害的发生，大幅度减少化学药剂的使用量，有利于果园长期的可持续发展。

（1）植物检疫。植物检疫是贯彻"预防为主、综合防治"的重要措施之一，即凡是从外地引进或调出的苗木、种子、接穗、果品等，都应进行严格检疫，防止危险性病虫害的扩散。

（2）清理果园，减少病源。果园中多数病虫在病枝或残留在园中的病叶、病果上越冬、越夏，及时清理果园，可以破坏病虫越冬的潜藏场所和条件，有效地减少病害侵染源，降低害虫发生基数，可以很好地预防病害的流行和虫害的发生。秋季或早春清扫枯枝落叶，集中高温堆沤，可消灭其中越冬病菌和害虫。结合修剪，剪除病虫枝条、病芽，摘除病虫果、叶，剪除病虫枝条可以有效地防治天牛类、刺蛾类、食心虫、介壳虫等。对于病虫株残体和落在地面上的病虫果，应及时清除并高温堆沤或深埋，可以大大减少病虫的传播与危害。此外，及时清除田间杂草，不但减少杂草种子在果园的残留，亦可以大大减少害虫寄生的机会。

（3）合理整形修剪，改善果园通风透光条件。果园在密闭条件下病虫害发生严重，过于茂盛的枝叶常成为小型昆虫繁衍的有利场所。合理整形修剪，使树体枝组分布均匀，改善了树冠内通风透光条件，可以有效地控制病虫害的发生。

（4）科学施肥，合理灌溉。加强肥、水管理对提高树体抵抗病虫害能力有明显的效果，特别是对具有潜伏侵染特点的病害和具有刺吸口器害虫的抵抗作用尤其明显。施肥种类及用量与病虫害发生有密切关系，不要过量施用氮肥，避免引起枝叶徒长，树冠内郁闭，而诱发病虫发生。厩肥堆积过多，常成为蝇、蚊、蛴螬等土栖昆虫的栖息繁殖场所。因此，提倡配方施肥、平衡施肥、多施充分腐熟的有机肥、增施磷钾肥，以提高植株抗病性，增强土壤通透性，改善土壤微生物群落，提高有益微生物的生存数量，并保证根系发育健壮。此外，减少氮肥，增施磷钾肥，能增强树体对病害侵染的抵抗力。

果园湿度过大，易导致真菌类病害疫情的发生，湿度越大病害越重。而果树生长中后期灌水过多，易使果树贪青徒长，枝条发育不充实，冬季抵抗冻害的能力差。因此，果园浇水应尽量避免大水漫灌，以免造成园内湿度过大，诱发病害发生，宜尽量采用滴灌等节水措施。利用滴灌技术、覆盖地膜技术可以有效地控制园内空气湿度，防止病害的发生。遇大雨后应及时排水，避免影响果树生长和降低抵抗病虫害能力。

（5）刮树皮，刮涂伤口，树干涂白。危害果树的多种害虫的卵、蛹、幼虫、成虫，以及多种病菌孢子隐居在树体的粗翘皮裂缝里休眠越冬，而病虫越冬基数与来年危害程度密切相关，应刮除枝、干上的粗皮、翘皮和病疤，铲除腐烂病、干腐病等枝干病害的菌源，同时还可以促进老树更新生长。刮皮一般以入冬时节或第二年早春2月间进行，不宜过早或过晚，以防止树体遭受冻害以及失去除虫治病的作用。幼龄树要轻刮，老龄树可重刮。操作动作要轻，防止刮伤嫩皮及木质部，影响树势。一般以彻底刮去粗皮、翘皮，不伤及白颜色的活皮为限。刮皮后，皮层集中烧毁或深埋，然后用石灰水涂白剂，在主干和大枝伤口处进行涂白，既可以杀死潜藏在树皮下的病虫，还可以保护树体不受冻害。石灰涂白剂的配制材料和比例：生石灰10千克，食盐150~200克，面粉400~500克，加清水40~50千克，充分溶化搅拌后刷在树干伤口处，以不流淌、不起疙瘩为度。由虫伤或机械伤引起的伤口，是最容易感染病菌和害虫喜欢栖息的地方，应将腐皮朽木刮除，用刀削平伤口后，涂上5波美度石硫剂或波尔多液消毒，促进伤口早日愈合。

（6）刨树盘。刨树盘是果树管理的一项常用措施，该措施既可起到疏松土壤、促进果树根系生长作用，还可将地表的枯枝落叶翻于地下，把土中越冬的害虫翻于地表。

（7）树干绑缚草绳，诱杀多种害虫。不少害虫喜在主干翘皮、草丛、落叶中越冬，利用这一习性，于果实采收后在主干分枝以下绑缚3~5圈松散的草绳，诱集消灭害虫。草绳可用稻草或谷草、棉秆皮拧成，绑缚要松散，以利于害虫潜入。

（8）人工捕虫。许多害虫有群集和假死的习性，如多种金龟子有假死性和群集危害的特点，可以利用害虫的这些习性进行人工捕捉。再如黑蝉若虫可食，在若虫出土季节，可以发动群众捕而食之。

（9）园内种植诱集作物，诱集害虫集中危害而消灭。利用桃蛀螟、桃小食心虫对玉米、高粱趋性更强的特性，园内种植玉米、高粱等，诱其集中危害而消灭。

（10）园内放养鸡、鸭等家禽，啄食害虫，减轻危害。

2. 物理防治

是根据害虫的习性而采取防治害虫方法。

（1）灯光诱杀（图5-1-1，图5-1-2）。①黑光灯诱杀。常用20瓦或40瓦黑光灯管做光源，在灯管下接一个水盆或一个广口瓶，瓶中放些毒药，以杀死掉落的害虫。此法可诱杀晚间出来活动的害虫，如桃蛀螟、黄刺蛾、茎窗蛾成虫等。②频振式杀虫灯。利用大多数害虫晚上有趋光的特性，运用光、波、色、味4种诱杀方式杀灭害虫，它的主要元件是频振灯管和高压电网，频振灯管能产生特定频率的光波，引诱害虫靠近，高压电网缠绕在灯管周围能将飞来的害虫杀死或击昏，即近距离用光，远距离用波、黄色光源、性信息等原理设计的杀虫灯，以达到防治害虫的目的。

频振式杀虫灯使用方法：可利用路两旁的电线杆或吊挂在牢固的物体上。灯间距离180~200米，离地面高度1.5~1.8米，呈棋盘式分布，挂灯时间为5月初至10月下旬。接通电源，按下开关，指示灯亮即进入工作状态。

（2）糖醋液诱杀。许多成虫对糖醋液有趋性，因此，可利用该习性进行诱杀。方法是在成虫发生的季节，将糖醋液盛在水碗或水罐内制成诱捕器，将其挂在树上，每天或隔天清除死虫。糖醋液的制备方法：酒、水、糖、醋按1：2：3：4的比例，放入盆中，盆中放几滴农药，并不断补足糖醋液。

（3）黏虫板诱杀害虫（图5-2-1）。利用昆虫的趋黄性诱杀害虫，可防治潜蝇成虫、粉虱、蚜虫、叶蝉、蓟马等小型昆虫；而蓝色板诱杀叶蝉效果更好，配以性诱剂可扑杀多种害虫的成虫。

黏虫板制作方法：购买黏虫纸，或用柠檬黄色塑料板、木板、硬纸箱板等材料，大小约20厘米×30厘米，先在板两面涂抹柠檬黄色油漆后，再均匀涂上一层黏虫胶或黄油、机油即可。

挂板方法及时间：于4月初至10月下旬挂板。田间用竹（木）细棍支撑固定，每亩均匀插挂20块黄板，呈棋盘式分布，高度比植株稍高，太高或太低效果均较差。当纸或板上粘虫面积占板表面积的60%以上时更换，板上胶不黏时及时更换。为保证自制黄板的黏着性，需1周左右重新涂1次。悬挂方向以板面东西方向为宜。

（4）树干缠粘虫带。利用害虫在树干上爬行，上树为害、下树栖息或化蛹等习性，在树干上缠普通塑料带或缠上涂有粘虫胶、黄油、机油的塑料胶带，设置阻截障碍，达到杀灭害虫的目的，对防治尺蠖类害虫及一些频繁上下树的害虫防治效果很好，减少了用药，又避免了对人、益虫、鸟类、环境造成的危害和污染（图5-3-1至图5-3-3）。

（5）涂捕虫圈（图5-4-1）。用捕虫胶在树干与树杈交界处，涂一圈，宽3~4厘米，捕杀天牛效果好；天牛产卵前在树的枝干多次来回爬行找适宜产卵的地方。一般选择斜着向上光滑部位，用嘴扒开树皮长约1.5厘米、宽约0.8厘米的小穴，将一粒卵产入，再用树皮盖住，产一粒卵换一个地方。在树干上涂几道捕虫圈，捕杀天牛的效率非常高，将天牛等害虫消灭在产卵之前，使林果类树体少受危害。

（6）高浓度虫胶、黏鼠板捕鼠。鼠害重的果园在老鼠经常出没走道上，放置黏鼠板或摊一小块高浓度虫胶，不引起老鼠注意。老鼠通过时踩上就被粘住。

（7）防虫网（图5-5-1）。通过覆盖在棚架上的防虫网，构建人工隔离屏障，将害虫拒之网外，切断害虫传播途径，有效控制被保护地各类害虫的发生危害和与害虫传播有关的病害发生，减少了果园化学农药的施用，并具有抵御暴风、雨冲刷和冰雹侵袭等自然灾害的功能，是一种简便、科学、有效的防虫、防病措施。防虫网的孔径，以20~32目为宜，好的防虫网，正确使用和保管可利用3~5年。

（8）性外激素诱杀（图5-6-1，图5-6-2）。昆虫性外激素是由雌成虫分泌的用以招引雄成虫来交配的一类化学物质。通过人工模拟其化学结构合成的昆虫性外激素已经进入商品化生产阶段。性外激素已明确的果树害虫种类有30多种。目前国内外应用的性外激素捕获器类型有5大类20多种。如黏着型、捕获型、杀虫剂型、电击型和水盘型。我国在果树害虫防治上已经应用的有桃蛀螟、桃小食心虫、桃潜蛾、梨小食心虫、苹果小卷叶蛾、苹果褐卷叶蛾、梨大食心虫、金纹细蛾等昆虫的性外激素。捕获器的选择要根据害虫种类、虫体大小、气象因素等，确定捕获器放置的地点、高度和用量。①利用性外激素诱杀。在果园放置一定数量的性外激素诱捕器，能够诱捕到雄成虫，导致雌、雄成虫的比例失调，减少了自然界雌、雄虫交配的机会，从而达到治虫的目的。②干扰交配（成虫迷向）。在果园内悬挂一定数量的害虫性外激素诱捕器诱芯，作为性外激素散发器。这种散发器不断地将昆虫的性外激素释放到田间，使雄成虫寻找雌成虫的联络信息发生混乱，从而失去交配的机会。在果园的试验结果表明，在每亩内栽植110棵果树的情况下，每棵树上挂3~5个桃小食心虫性外激素诱芯，能起到干扰成虫交配的作用。打破害虫的生殖规律，使大量的雌成虫不能产下受精卵，从而极大地降低幼虫数量。

（9）水喷法防治。在果树休眠期（11月中下旬）用压力喷水泵喷枝干，喷到流水程度，可以消灭在枝干上越冬的介壳虫。

（10）果实套袋（图5-7-1至图5-7-3）。果实套袋栽培是近几年我国推广的优质果品技术。果实套袋后，既能增加果实着色、提高果面光洁度、减少裂果，还能防止病菌和害虫直接侵染果实，减少农药在果品中的残留。目前国内用于果实套袋用袋按材质主要有塑料薄膜袋、白色木浆纸袋、无纺布袋、双层纸袋等。

3. 生物防治

运用有益生物防治果树病虫害的方法称为生物防治法。生物防治是进行无公害果品生产、有效防治病虫害的重要措施。在果园自然环境中有数百种有益天敌昆虫资源和能促使果树害虫致病的病毒、真菌、细菌等微生物。保护和利用这些有益生物，是果品病虫无公害防治的重要手段。生物防治的特点是不污染环境，对人、畜安全无害，无农药残留，符合果品无公害生产的目标，应用前景广阔。但该技术难度较大，研究和开发水平较低，目前应用于防治实践的有效方法还较少。各果园可以因地制宜，选择适合自己的生物防治方法，并与其他防治方法相结合，采取综合治理的原则防治病虫害。

（1）利用寄生性天敌昆虫防治虫害（图5-8-1）。寄生性昆虫活动特点，是以雌成虫产卵于寄主体内或体外，以幼虫取食寄主的体液摄取营养，从而导致寄主（害虫）死亡。而它的成虫则以花粉、花蜜等为食或不取食。除了成虫以外，其他虫态均不能离开寄主而独立生活。果园害虫天敌主要有：寄生卷叶虫的中国齿腿姬蜂、卷叶蛾瘤姬蜂、卷叶蛾绒茧蜂；寄生梨小食心虫的梨小蛾姬蜂、梨小食心虫聚瘤姬蜂；寄生潜叶蛾、刺蛾的刺蛾紫姬蜂、刺蛾白趾姬蜂、潜叶蛾姬小蜂等寄生蜂类。寄生鳞翅目害虫幼虫和蛹的寄生蝇类，如寄生梨小食心虫的稻苞虫赛寄蝇、日本追寄蝇；寄生天幕毛虫的天幕毛虫追寄蝇、普通怯寄蝇等。

（2）利用捕食性天敌昆虫防治害虫。捕食性天敌昆虫靠直接取食猎物或刺吸猎物体液来杀死害虫，致死速度比寄生性天敌快得多。如捕食叶螨类的深点食螨瓢虫、腹管食螨瓢虫、大草蛉、中华通草蛉、食蚜瘿蚁等；捕食蚜虫的七星瓢虫；捕食介壳虫的黑缘红瓢虫、红点唇瓢虫等。此外，还有螳螂、食蚜蝇、食虫椿象、胡蜂、蜘蛛等多种捕食性天敌，抑制害虫的作用非常明显。

（3）利用食虫鸟类防治虫害。鸟类在农林生物多样性中占有重要地位，它与害虫形成相互制约的密切关系，是害虫天敌的重要类群。我国以昆虫为主要食料的鸟有600多种，如大山雀、大杜鹃、大斑啄木鸟、灰喜鹊、家燕、黄鹂等主要或全部以昆虫为食物，对控制害虫种群作用很大。

（4）利用病原微生物防治病虫害。①利用病原微生物防治害虫。在自然界中，有一些病原微生物，如细菌、真菌、病毒、线虫等，在条件合适时能引发虫流行病，致使害虫大量死亡。利用病原微生物防治虫害主要有细菌、真菌、病毒三大类制剂。②利用病原微生物防治病害。主要是利用某些真菌、细菌和放线菌对病原菌的杀灭作用防治病害。方法是直接把人工培养的抗病菌施入土壤或喷洒在植物表面，控制病原菌发育。目前国外已制成对部分病原微生物有抑制作用的微生物产品，如美国生产的防治根癌病的放射性土壤杆菌菌系K84，应用效果显著。国内也已分离了一些菌株。在土壤中多施用有机肥，促进多种天然存在的抗生菌的大量繁殖，可有效防治果树根系病害，也是利用病原微生物防治病害的可行措施。

目前国内应用病原微生物防治病虫害的制剂主要有苏云金杆菌、白僵菌制剂、病原线虫。

（5）利用昆虫激素防治害虫。对危害相对简单的关键害虫，以及对世代较长、单食性、迁移性小、有抗药性、蛀茎蛀果害虫更为有效。昆虫激素主要有保幼激素、蜕皮激素、性信息激素三大类。其杀虫机理是使害虫生长发育异常而死亡。利用性外激素不仅可以诱杀成虫、干扰交配，还可根据诱虫时间和诱虫量指导害虫防治，提高防效。

4. 化学防治

使用化学药剂防治病虫害具有作用迅速、见效快、方法简便的特点，在现阶段果品生产中仍具有不可替代的作用。然而化学药剂的长期使用，存在着引起害虫抗性、污染环境、减少物种多样性、在果品中残留有危害人体健康有毒物质等多方面的副作用。尤其随着人民生活水平的提高，消费者越来越注重食品安全问题，如何科学合理、正确的使用化学药剂，生产无公害果品日益受到重视。

无公害果品生产并非完全禁止使用化学药剂，使用时应当遵守有关无公害果品生产操作规程和农药使用标准，合理选择农药种类，正确掌握用药量。加强病虫测报工作，经常调查病虫发生情况，选择有利时机适时用药。选择对人、畜安全、不伤害天敌、不污染环境、同时又可以有效杀死有害病虫的农药品种。严禁使用一切汞制剂农药以及其他高毒、高残留、致畸、致癌、致残农药，严禁使用未取得国家农药管理部门登记和没有生产许可证的农药。

参考文献

1. 冯玉增,张存立,张卫东. 石榴病虫草害鉴别与无公害防治[M]. 北京:科学技术文献出版社,2009.

2. 吕佩珂,等. 中国果树病虫原色图谱[M]. 2版. 北京:华夏出版社,2002.

3. 邱强. 中国果树病虫原色图鉴[M]. 郑州:河南科学技术出版社,2004.

4. 冯明祥,王国平. 桃杏李樱桃病虫害诊断与防治原色图谱[M]. 北京:金盾出版社,2008.

5. 李淑珍,韩凤珠. 保护地热门果树病虫害防治彩色图说[M]. 北京:中国农业出版社,2004.

6. 北京农业大学. 果树昆虫学:下册[M]. 北京:农业出版社,1981.

7. 王国平,窦连登. 果树病虫害诊断与防治原色图谱[M]. 北京:金盾出版社,2002.

8. 中国林业科学院. 中国森林昆虫[M]. 北京:中国林业出版社,1980.